主编　　中国建设监理协会

中国建设监理与咨询

34

2020 / 3
总 第 3 4 期

CHINA CONSTRUCTION
MANAGEMENT and CONSULTING

U0159483

中国建筑工业出版社

图书在版编目（CIP）数据

中国建设监理与咨询. 34 / 中国建设监理协会主编. —北京：中国建筑工业出版社，2020.8

ISBN 978-7-112-25353-1

Ⅰ.①中… Ⅱ.①中… Ⅲ.①建筑工程—监理工作—研究—中国 Ⅳ.①TU712.2

中国版本图书馆CIP数据核字（2020）第143444号

责任编辑：费海玲　王晓迪
责任校对：王　烨

中国建设监理与咨询 34

主编　中国建设监理协会

*

中国建筑工业出版社出版、发行（北京海淀三里河路9号）
各地新华书店、建筑书店经销
北京雅盈中佳图文设计公司制版
天津图文方嘉印刷有限公司印刷

*

开本：880×1230毫米　1/16　印张：$7\frac{1}{2}$　字数：300千字
2020年7月第一版　2020年7月第一次印刷
定价：**35.00元**
ISBN 978-7-112-25353-1
（36342）

34

2020 / 3

总第34期

CHINA CONSTRUCTION
MANAGEMENT and CONSULTING

中国建设监理与咨询

目录 CONTENTS

■　项目管理与咨询

■　创新与研究

■　百家争鸣

中国建设监理协会"监理企业发展全过程工程咨询的路径和策略"课题开题会在沪顺利召开

2020 年 5 月 21 日上午，中国建设监理协会"监理企业发展全过程工程咨询的路径和策略"课题开题会在上海召开。中国建设监理协会副会长兼秘书长王学军、中国建设监理协会机械分会会长李明安、北京交通大学教授刘伊生、浙江省全过程工程咨询与监理管理协会秘书长章钟等应邀出席会议。上海市建设工程咨询行业协会会长夏冰携课题组成员参加，会议由上海协会秘书长徐逢治主持。受疫情影响，本次会议采用现场会议和网络视频云会议相结合的形式召开，部分领导和专家通过网络远程出席会议。

"监理企业发展全过程工程咨询的路径和策略"课题是中国建设监理协会委托上海市建设工程咨询行业协会牵头组织研究，协会会长夏冰担任课题组组长，课题组成员由来自上海市开展全过程工程咨询实践的骨干单位成员以及浙江、江西、广州等地的行业企业专家组成。为了保障课题研究工作的顺利实施，本课题还专门成立了专家组，过程中进一步指导课题的研究方向和具体实施。

会上，中国建设监理协会副会长兼秘书长王学军通过视频连线讲话。他对课题团队的专业研究能力给予了肯定和期望。他表示，为了使部分监理企业尽快适应和参与全过程工程咨询服务，而确立了本课题。他强调，课题组应聚焦重点，在中国特色社会主义制度和法律体系的框架下，围绕监理企业发展全过程工程咨询的路径、需要具备的条件、提高服务能力的策略、企业的服务保障体系等 4 个方面开展深入研究。他坚信，通过课题组集思广益、认真思考和谨慎研究，必定能按期完成课题研究任务，为正在开展和将要开展此项业务的监理企业指明方向，从而推动工程监理行业高质量服务的发展。

课题组组长、上海市建设工程咨询行业协会会长夏冰代表课题组致辞，他对于上海协会承担此课题任务深感荣幸并且知晓责任重大。他认为，全过程工程咨询试点工作开展至今已有三年多，而近期发布的《房屋建筑和市政基础设施建设项目全过程工程咨询服务技术标准（征求意见稿）》在全国范围内也引发了一定的讨论，由此，现阶段开展"监理企业发展全过程工程咨询的路径和策略"这一课题研究是非常必要和迫切的。一方面，课题组要总结和分析工程监理企业开展全过程工程咨询试点、培养和提升服务能力的方法和经验；另一方面，以期通过研究本课题，为部分有条件的监理企业发展全过程工程咨询，进一步转型升级提供可行性路径和策略，为企业发展提供纲领性建议。

会上，课题组详细汇报了课题的实施计划及研究大纲初稿，本次课题将从监理企业发展全过程咨询政策环境、实践案例、发展路径，以及相关策略等方面开展研究。与会专家和课题组成员围绕研究大纲展开了热烈讨论，对课题研究方向和目标给予了建设性的指导意见。参会者一致认为，本课题的研究基础，要立足于现有体制机制的经验优势，梳理并研究现行国家和各试点地区有关全过程工程咨询的政策文件，总结并分析试点阶段监理企业开展全过程工程咨询的典型案例。课题组应紧扣主题，探讨监理企业的路径选择，提出一些有代表性的业务组合，以及监理企业在发展过程中可能面临的困境和挑战；并提出适应全过程工程咨询发展的总体策略，和基于不同业务整合的具有实践意义的具体策略。专家还指出，全过程工程咨询服务必须以市场为主导，要关注业主方的需求，从而不断提高自身服务能力，补足短板；与此同时，课题研究必须以国际化为最终引领目标，形成具有前瞻性、指导性的成果文件。部分专家还对全过程工程咨询服务取费、诚信体系建设、职业责任保险等方面提出了各自的见解。

会议最后，课题组副组长、上海市建设工程咨询行业协会秘书长徐逢治就会议讨论的内容和专家形成的意见进行了归纳，就课题大纲和下一步工作部署与课题组成员达成共识。

（上海市建设工程咨询行业协会　供稿）

"城市轨道交通工程监理规程"课题编制组顺利完成实地考察调研

为深入了解中国在城市轨道交通建设施工阶段监理工作的现状，总结各地区城市轨道交通工程建设过程中取得的监理工作经验教训，并针对性研究各地区在地域条件、管理机制和文化上存在的差异性，中国建设监理协会"城市轨道交通工程监理规程"（以下简称"规程"）课题编制组在完成了课题开题和编制大纲的基础上，于2020年5月11～22日组织开展实地考察调研活动。课题编制组分5个调研小组，分别由孙成组长、邓强副组长，以及其他特邀专家带队，结合华北、华东、华南、西北和西南地区城市轨道交通建设富有地域特色的代表性城市，分别赴北京、济南、上海、宁波、西安、广州、成都和重庆等8个城市开展实地考察调研。

本次实地考察调研，课题编制组主要在"规程"的适用范围、编制深度与广度、适用性和可操作性等方面进行考察研究，采用坚持问题导向、互动交流、问卷调查等工作方式，收集各地轨道交通工程监理行业具有代表性的监理单位先进管理经验及城市轨道交通建设管理模式，并了解项目各参建单位对监理工作的诉求，以及项目监理机构的设置和相关岗位人员在监理工作中的定位，探讨行业管理中的热点问题，围绕监理工作标准化、规范化和科学化的目标提出"规程"编写意见。

尽管调研行程紧凑，各课题编制调研工作小组仍不顾舟车劳顿，深入生产一线展开调研和访谈，分别考察了北京地铁12号线土建施工07合同段蓟门桥站和17号线07合同段、济南地铁2号线王府井站、上海地铁14号线蓝天路站和15号线天山路站、宁波地铁5号线、西安地铁6号线侧坡车辆段和东盛北路站、广州地铁7号线二期长洲项目和18号线沙溪站、成都地铁6号线机电7标和土建1标、重庆地铁9号线1期土建标等工程项目，并与施工单位、建设单位、行业协会及相关企业代表进行了广泛而深入的交流，累计召开相关座谈会21次。各方对协会编制本次"规程"的必要性和紧迫性期望很高，并就城市轨道交通建设监理工作中存在的问题，结合课题编制畅所欲言，给课题编制组提供了很多建设性意见和建议。各地协会也投入大量人力为本次调研活动提供了极大的支持，并在行程策划安排、调研组织和问卷反馈整理方面给予了诸多便利。

通过实地考察调研，课题组在"城市轨道交通工程监理规程"的编制方向和尺度把握上更为清晰，也增强了参编专家的责任感和紧迫感。下一步，为推动工程监理工作标准化，课题编制组还将在各调研工作小组调研报告的基础上进一步集思广益，对调研过程中的热点问题进行审慎地总结归纳，丰富和完善课题编制大纲中的内容，并统一"规程"课题编制的共识，实现本次"规程"课题编制的预期目标。

（广东省建设监理协会　供稿）

课题编制组赴北京市调研

课题编制组赴济南市调研

广东省建设监理协会组织的"建设工程监理责任法律法规研究"课题验收会在广州召开

2020 年 4 月 29 日上午，广东省建设监理协会在广州组织召开了"建设工程监理责任法律法规研究"课题验收会议。会议由协会会长、课题研究组组长孙成主持，协会秘书长邓强和行业发展部主任黄鸿钦及广东天穗（东莞）律师事务所吴婧律师、董丽霞律师代表课题组参加了本次会议。课题验收组七名成员分别是来自协会会员单位的资深法律顾问和行业专家，由广州轨道交通建设监理有限公司副总经理王洪东担任验收组组长。

本次课题研究是协会基于监理行业现状和会员的强烈诉求，特协同业内及法律界资深人士，为推动广东省乃至全国监理制度改革提供法理支撑。课题以监理刑事责任问题为切入点，通过案例进行实证研究，就明确监理的定位、健全监理行业监管体系和防控监理刑事法律责任风险等方面提出合理建议。验收会上，课题编制人员从课题研究背景和目的、问题归纳与原因分析、监理责任的域外比较分析、应对方案与立法建议等方面向验收组专家进行了详细汇报。验收组成员认真听取了课题组编制情况汇报后，经过质询和充分讨论，认为本课题通过收集案例进行立法比较分析，深入剖析现有建设工程监理制度相关法律法规实施中存在的问题，为立法及行业制度设计提出了若干合理建议；课题报告结构合理，内容系统完整，语言使用较为规范，具有较好的系统性及逻辑性。经研究，验收组一致同意本课题研究报告通过评审验收。

最后，孙成会长作会议总结。他首先对课题组和验收组成员对本课题研究成果的辛勤付出表示感谢。他表示，建设监理制度在中国推行 30 多年来，有力地推动着中国建设工程管理体系的社会化、专业化和规范化进程。随着社会治理体系的完善和市场的多元化需求，监理行业遇到的挑战越来越多；监理行业既面临发展瓶颈，又面临转型升级的机遇，必须正视存在的问题并深入剖析。开展有关建设工程监理责任法律法规的课题研究，为梳理监理责、权、利关系，不断增强监理行业风险识别与防控的能力，以及中国建设监理制度改革和监理行业创新发展提供了有益的参考。

（广东省建设监理协会许冰纯 供稿）

"城市轨道交通工程监理规程"课题组在济南调研座谈

2020 年 5 月 15 日，由广东省建设监理协会孙成会长带队的中国建设监理协会"城市轨道交通工程监理规程"课题组一行三人在济南调研座谈。

上午，课题组到已经运营的济南轨道交通 1 号线调研。1 号线运营里程 26.27km，高架线长 16.2km，过渡段长 0.2km，地下线长约 9.87km，共设车站 11 座。课题组从西客站上车试乘 8 站至创新谷站下车，对车站清水混凝土、高架 U 形梁进行了考察。随后观摩正在施工的济南轨道交通 2 号线，2 号线自西向东横跨济南，具有区间地质复杂，地下裂隙水发育丰富，施工难度系数大等特点。山东省监理协会副理事长兼秘书长陈文、副秘书长李虚进全程陪同，协会专家委主任陈刚对轨道交通施工技术创新、监理难点等问题作了详细讲解。

下午，山东省监理协会组织召开调研座谈会，课题组专家、省监理协会、建设单位、施工企业、监理企业等 15 位代表参加，会议由孙成会长主持。李虚进副秘书长致欢迎辞，并介绍山东监理行业发展情况，以及山东省轨道交通发展状况和出台的政策文件、发布的技术标准。与会代表结合本单位实际情况对调研内容分别作了解答，对专家提出的轨道交通行业标准、信息化管理、行业管理等热点、难点问题进行了深入交流和探讨。

（山东省建设监理协会 供稿）

福建省住建行业从业人员职业操守倡议书

为加强行业自律，恪守行业职业道德，营造诚信守法、爱岗敬业、客观公正、精益求精的良好风气，推进全省行业行风建设，促进福建省住房城乡事业持续、健康、有序、高质量发展，现向全省住建行业从业人员发出如下倡议：

一、提高思想道德素质。自觉以习近平新时代中国特色社会主义思想为指导，加强思想道德教育，提高职业道德水平和从业文明素养，增强社会责任感。党员从业人员要知敬畏、存戒惧、守底线，在营造行业良好风气中亮身份、作表率，发挥先锋模范作用。

二、大力弘扬工匠精神。钻研学习业务技能，弘扬严谨认真、精益求精、追求卓越、勇于创新的工匠精神，坚决杜绝假冒伪劣、粗制滥造等不良行为，主动营造精益求精的住建行业文化氛围，共同打造受人尊重的"住建人"职业。

三、自觉强化业务学习。努力学习政策法规，敬畏法律，敬畏生命，自觉遵守国家规章制度，提高法治意识和政策水平；主动学习住建行业新知识、新技术、新标准、新规范，努力提高业务专业水平。

四、诚信参加资格考试。自觉遵守各类资格考试制度，如实填报报考信息，不弄虚作假骗取考试资格，严格遵守考试纪律，不搞假舞弊，坚决抵制任何参与作弊团伙违法行为，共同树立起"诚信考试光荣、违纪作弊可耻"的考试文明风尚，维护健康良好的考试秩序，维护诚信、公平的考试环境。

五、诚实申报注册执业。如实依法申报注册，不提供虚假材料申请注册，不以欺骗、贿赂等不正当手段取得注册证书，不涂改、倒卖、出租、出借或以其他非法形式将资格证书、注册证书和执业印章交给他人或单位使用，抵制隐瞒实际工作单位或委托非法中介机构办理的违法"挂证"行为。

六、严格依法从业履职。坚守职业操守和从业规定，实事求是，客观公正；坚决反对挂岗不履职，业绩业务弄虚作假，超范围超能力承接任务，参与非法转包、违法分包、挂靠、围标串标等扰乱市场秩序行为；抵制业务成果粗制滥造、提供虚假成果报告等恶劣行径。

诚信敬业是社会主义核心价值观的重要内容，是为人之本、立业之基，更是一名住建行业从业人员所必须具备的职业品格和操守行为。让我们从现在做起，从我做起，践行诚信诺言，共同维护住建行业队伍形象。

（倡议发起单位有福建省建筑业协会、福建省工程建设质量安全协会、福建省勘察设计协会、福建省工程监理与项目管理协会、福建省建设工程造价管理协会、福建省房地产业协会、福建省城市建设协会、福建省建设行业法制协会、福建省风景园林行业协会、福建省建筑装饰行业协会、福建省物业管理协会）

中国建设监理协会向红安县慈善会捐赠扶贫款 6 万元

2020 年是决胜全面建成小康社会、决战脱贫攻坚之年，是脱贫攻坚收官之年。为贯彻落实习近平总书记在决战决胜脱贫攻坚座谈会及统筹推进新冠肺炎疫情防控和经济社会发展工作部署会上的重要讲话精神，按照住房城乡建设部《2020 年扶贫工作要点》要求，认真做好 2020 年定点扶贫工作，中国建设监理协会向湖北省红安县慈善会捐赠 6 万元帮扶资金用于扶持村集体产业发展。

济南市建设监理协会《营造健康有序的建筑市场秩序倡议书》签字仪式顺利召开

2020 年 5 月 29 日，由济南市建设监理协会组织的《营造健康有序的建筑市场秩序倡议书》签字仪式顺利召开。本倡议书由济南市房地产业协会、济南市建筑业协会、济南市监理协会联合发出。济南市建设监理协会理事长林峰、副理事长付伟及自律委员会专家、秘书处全体成员和 24 家监理企业代表出席，会议由济南市建设监理协会副理事长付伟主持。

会议首先由自律委员会专家王勇刚宣讲《营造健康有序的建设市场秩序倡议书》，并号召承诺：从我做起，提高站位，做行业健康发展的推动者；从我做起，诚信经营，做行业自律的践行者；从我做起，携手共建，做市场秩序的维护者。

就倡议书内容，自律委员会专家及 24 家监理企业代表进行讨论发言，并达成共识，加强自律约束，依法合规经营，建立公平、规范、健康、有序的市场秩序。

林峰理事长指出，目标清、方向明就是要明确发展方向，济南市监理协会作为济南市监理行业的社会团体，有责任也有义务配合行业主管部门开展违法违规行为专项整治行动，自觉维护建筑市场秩序，促进行业健康发展。营造健康有序的市场秩序是你我共同的责任。

最后，在与会人员的见证下，理事长林峰、自律委员会专家及 24 家监理企业代表共同签署承诺书。

（山东省建设监理协会　供稿）

中国建设监理协会向湖北省建设监理协会捐赠十万元防疫物资

自新型冠状病毒感染的肺炎疫情暴发以来，中国建设监理协会勇于担当、主动作为，积极组织行业企业协调重要物资与服务保障，指导推动企业复工复产，并进行监理人"大疫面前有担当"系列报道。此次疫情，湖北地区尤其严重，经秘书处研究、会长联通会同意，中国建设监理协会购买了十万元防疫物资（口罩、护目镜）捐赠给湖北省建设监理协会，用于支援湖北省监理行业疫情防控工作。

住房和城乡建设部办公厅关于取得内地勘察设计注册工程师、注册监理工程师资格的香港、澳门专业人士注册执业有关事项的通知

建办市〔2020〕19号

各省、自治区住房和城乡建设厅，直辖市住房和城乡建设（管）委，北京市规划和自然资源委，新疆生产建设兵团住房和城乡建设局，国务院有关部门建设司（局）：

根据《关于修订〈《内地与香港关于建立更紧密经贸关系的安排》服务贸易协议〉的协议》和《关于修订〈《内地与澳门关于建立更紧密经贸关系的安排》服务贸易协议〉的协议》，为规范取得内地勘察设计注册工程师、注册监理工程师资格的香港、澳门专业人士的注册执业工作，现将有关事项通知如下：

一、取得内地勘察设计注册工程师（二级注册结构工程师除外）、注册监理工程师资格的香港、澳门专业人士，可向我部申请注册。已在广东、广西、福建注册的，可在注册有效期满前申请换发我部发放的注册证书，换证后原注册证书失效。

二、上述人员向我部申请注册时，应按照《勘察设计注册工程师管理规定》《注册监理工程师管理规定》等相关规定办理，并通过我部门户网站（网址：www.mohurd.gov.cn）"办事大厅"中"在线申报"栏目免费下载相应注册管理信息系统进行网上申报。

三、取得内地二级注册结构工程师资格的香港、澳门专业人士申请在内地注册的，由各省、自治区、直辖市住房和城乡建设主管部门办理。

四、对于已启动执业的专业，在内地注册的香港、澳门专业人士的执业要求与同专业内地注册人员一致。

本通知自 2020 年 6 月 1 日起施行。

中华人民共和国住房和城乡建设部办公厅

2020 年 4 月 28 日

（来源 住房和城乡建设部网）

2020年4月17日至6月30日公布的工程建设标准

序号	标准编号	标准名称	发布日期	实施日期
		国标		
1	GB 50325-2020	民用建筑工程室内环境污染控制标准	2020/1/16	2020/8/1
2	GB/T 50165-2020	古建筑木结构维护与加固技术标准	2020/1/16	2020/7/1
3	GB/T 50344-2019	建筑结构检测技术标准	2019/11/22	2020/6/1
4	GB/T 51396-2019	槽式太阳能光热发电站设计标准	2019/11/22	2020/6/1
5	GB 50463-2019	工程隔振设计标准	2019/11/22	2020/6/1
6	GB/T 50522-2019	核电厂建设工程监理标准	2019/11/22	2020/3/1
7	GB/T 50522-2019	核电厂建设工程监理标准	2019/11/22	2020/3/1
8	GB 51326-2018	钛冶炼厂工艺设计标准	2018/11/1	2019/4/1
		行标		
1	CJJ/T 301-2020	城市轨道交通高架结构设计荷载标准	2020/4/9	2020/10/1
2	CJJ/T 49-2020	地铁杂散电流腐蚀防护技术标准	2020/4/9	2020/10/1
3	JG/T 225-2020	预应力混凝土用金属波纹管	2020/1/13	2020/8/1
4	JGJ/T 478-2019	建筑用木塑复合板应用技术标准	2019/11/29	2020/6/1
5	JGJ/T 117-2019	民用建筑修缮工程查勘与设计标准	2019/11/15	2020/6/1
6	CJJ/T 307-2019	城市照明建设规划标准	2019/11/15	2020/6/1
7	CJJ/T 300-2019	植物园设计标准	2019/11/8	2020/6/1
8	CJ/T 358-2019	非开挖工程用聚乙烯管	2019/10/28	2020/6/1
9	CJ/T 540-2019	重力式污泥浓缩池悬挂式中心传动浓缩机	2019/10/28	2020/6/1
10	JG/T 568-2019	高性能混凝土用骨料	2019/10/28	2020/6/1
11	CJ/T 539-2019	有轨电车信号系统通用技术条件	2019/10/28	2020/6/1
12	JG/T 408-2019	钢筋连接用套筒灌浆料	2019/10/28	2020/6/1
13	JG/T 570-2019	装配式铝合金低层房屋及移动屋	2019/10/28	2020/6/1
14	建标，194-2018	银行业消费者权益保护服务区建设标准	2018/6/13	2018/11/1
15	建标，193-2018	公共美术馆建设标准	2018/5/23	2018/11/1

住房和城乡建设部建筑市场监管司
关于征求政府购买监理巡查服务
试点方案（征求意见稿）意见的函

建司局函市〔2020〕109号
（节选）

各省、自治区住房和城乡建设厅，直辖市住房和城乡建设（管）委，新疆生产建设兵团住房和城乡建设局：

为贯彻落实《国务院办公厅转发住房城乡建设部关于完善质量保障体系提升建筑工程品质指导意见的通知》（国办函〔2019〕92号），我司研究起草了《政府购买监理巡查服务试点方案（征求意见稿）》。现送你们，请组织相关单位研究提出意见……将意见函告我司建设咨询监理处，并结合本地区实际，按照自愿原则，推荐有需求、具备条件的地区或项目参加试点。

（略）

住房和城乡建设部建筑市场监管司
2020年5月26日
（来源 住房和城乡建设部网）

建设工程第三方安全管理技术服务管理工作经验分享

重庆兴宇工程建设监理有限公司

前言

重庆兴宇工程建设监理有限公司成立于1997年，自2014年8月起至今承担了大渡口区建委建设工程第三方安全管理技术服务巡查工作，通过开展政府购买的第三方安全管理技术服务工作，在政府采购服务项目管理能力提升、人才培养、经济效益等方面均取得了较好的成果，同时为重庆监理咨询服务业开拓新的服务领域起到了良好的示范作用。

一、采用第三方服务的背景

（一）国务院、住房和城乡建设主管部门对工程建设安全生产的要求高。

《国务院办公厅关于政府向社会力量购买服务的指导意见》（国办发〔2013〕96号），《住房城乡建设部关于推进建筑业发展和改革的若干意见》（建市〔2014〕92号）第十五条提出，支持监管力量不足的地区探索以政府购买服务方式，委托具备能力的专业社会机构作为安全监督机构辅助力量。

《中共中央国务院关于推进安全生产领域改革发展的意见》（2016年12月9日）第二十八条提出，健全社会化服务体系。将安全生产专业技术服务纳入现代服务业发展规划，培育多元化服务主体。建立政府购买安全生产服务制度。

《重庆市政府购买服务暂行办法》（渝府办发〔2014〕159号），《重庆市市级政府购买服务指导性目录》技术性服务事项的工程服务类中包含有"公共工程安全监管辅助性工作"的相关内容。

《国务院办公厅转发住房城乡建设部关于完善质量保障体系提升建筑工程品质指导意见的通知》（国办函〔2019〕92号），强化政府对工程建设全过程的质量监管，探索工程监理企业参与监管模式。

（二）大渡口区工程建设项目快速增长。2012年以来，工程建设项目规模每年呈30%的速度增长。

（三）在建工程安全隐患多。2014年上半年，大渡口区在建工程因施工单位管理不善、施工作业人员违反安全操作规程和安全意识淡薄等原因发生多起安全亡人事故，使区内工程建设安全生产形势变得十分严峻。

（四）区建委安全监管力量有限。区建委受人员编制及专业配套的限制，安全监督人员所承担的监管在建工程量超过了重庆市建委设定标准的四倍，使区建委建设工程安全监管工作的压力十分突出。区建委推出安全管理新举措，通过公开招投标，购买第三方服务参与安全管理。

二、第三方安全巡查的意义

通过独立第三方的专业服务，可以有效解决政府监管部门人员编制数量少、专业力量相对较弱、巡查频率较低和管理体制限制等存在的实际问题。同时，利用第三方专业技术上的服务优势，充分实现工程项目现场风险源的分级管理，实行重点监督和预警机制，最终尽可能地达到避免较大事故的发生，控制亡人事故在政府下达计划指标范围内。

三、安全巡查工作简介

（一）安全隐患巡查工作正式启动前的准备工作

1. 成立安全隐患巡查组织机构。公司总经理为总负责人，总工办牵头，项目总监全面负责，日常巡查组人员6～7人，公司专家组相关成员若干名。

2. 编制安全隐患巡查指导性文件。组织编制包括"安全巡查工作方案""施工现场安全管理巡查安全隐患危险性分级管理制度""施工现场安全管理资料报送、管理及归档制度""施工现场安全管理廉洁制度""安全隐患巡查组工作制度""安全隐患巡查人员守则"等在内的《重庆市大渡口区建设工程施工现场安全隐患巡查工作手册》，用以指导安全隐患巡查工作。

3. 建委召开启动会并下发通知。在安全巡查正式启动前，由区建委组织全行政区域内的在建项目三方召开巡查启动会，向行政区域内各在建工程项目的建设单位、施工单位和监理单位下发书面通知，要求各单位支持和配合安全巡查工作。

（二）安全隐患巡查工作实施

1. 监督员引路、巡查组独立巡查。巡查组首次进入施工现场开展安全巡查时，由安管站委派监督组人员带队，并向工程建设的施工总包单位、监理单位、建设单位的安全管理负责人和安全员介绍巡查组成员、巡查内容、巡查方式、巡查职权，以及工程参建各方的责任和义务等。此后，巡查组即开始独立开展巡查工作。

2. 会同施工单位、监理单位安全管理人员共同检查。巡查组每到一个工程建设施工现场，均要通知施工总包单位的安全负责人或安全员和监理人员，共同对工程实体的各分部分项工程施工现场进行实体检查、管理行为检查和资料检查，并将检查到的问题，及时反馈给现场建设人员，使其知晓安全隐患的严重程度及具体内容和部位，以便进行整改。检查完毕后下发书面整改通知，按照确定的安全隐患等级进行分级管理。

3. 安全巡查工作汇报。施工现场安全巡查实行日报、周报、月报和季度安全隐患统计分析报告制度；红色（重大）安全隐患实行电话、QQ 或微信立即向区安管站监督组报告制度。

4. 安全巡查工作会议。根据安全巡查的工作需要，每周召开由安监站组织的专题会议，总结一周存在的问题及经验教训，计划下周的巡查工作重点。

5. 巡查方式。采取拉网式全数排查、重点检查、复查、例行巡查、建委领导带队联合检查等多级巡查方式。

1）首次进入施工现场进行安全隐患巡查时，实行拉网式全数检查。

2）对安全隐患多或上次巡查中存在较严重安全隐患的工程项目，在下一轮次巡查中进行重点检查。

3）对红色和部分橙色安全隐患的整改情况及时进行复查。

4）对安全隐患较少的工程项目，实行每月例行检查。

6. 巡查管理措施

1）公司的管理措施

（1）对参加巡查组的人员进行岗前安全管理知识培训教育，培训合格后方可上岗。

（2）配置相应的安全设施、设备和必要的检测仪器。

（3）对更新的建筑工程安全管理理论知识进行再培训。

（4）召开内部月度工作总结会。

（5）主动与服务部门进行季度的月度工作交流。

（6）配置必要的专家，有选择地参加相关专项检查。

2）巡查组的内部管理措施

（1）及时收集整理巡查资料。

（2）建立内部的红、黄牌隐患分级管理标示制度。

（3）建立登记巡查项目、巡查问题、安全隐患、安全隐患整改情况等的分类台账。

（4）行使工程暂停工、经济处罚、

行政处罚等建议权。

（5）建立和执行内部日工作会议制度。

（6）从经济和晋升方面，依据工作效果进行奖罚和职位的晋升。

（三）安全巡查工作不断改进和创新

1. 结合巡查工作的管理需要，不断完善、出台或更新了相关的管理制度和办法，如《大渡口区建设工程安全管理站安全隐患处理闭合管理办法》（渡建安〔2017〕001 号），《施工现场安全隐患十条必罚细则》（渡建安〔2018〕2 号）等。

2. 对安全隐患问题较多的工程项目实行挂牌管理，督促整改。巡查组为区建委和安管站指出了需要挂牌管理的相关项目和责任单位，并协同安管站监督组督促其在挂牌管理期间整改。采取这一措施后，有效提高了区内各建设工程的参建各方对安全生产管理的重视和整改力度。

3. 编写每周巡查简报，让建委领导实时了解安全动态。在报送周报的基础上，编制每周巡查简报，使建委领导实时掌握在建工程的安全管理形势，为建委制定更加及时、有针对性的管理措施。

4. 严格执行整改回复参建三方签字确认制度。为促使工程参建各方，尤其是施工单位和监理单位切实承担起对存在的安全隐患的整改责任，使安全隐患得到真正地消除，经我方建议，安管站重新确定了整改回复必须经由施工单位负责人、监理单位项目总监和建设单位现场代表签署整改意见予以确认的规定。安全巡查组严格执行这一规定，对各施工现场交回的整改回复，认真检查，若监理单位、建设单位未在整改回复中签署整改意见，均退回重新签署整改意见。这一规定的实施，有效落实了工程参建各方的安全生产管理责任。

5.有效使用信息化工具和上报制度。在工作的过程中采取电话、QQ和微信等能够传送声音及图片的信息化传输工具，实时与建委质安站进行联系、传递和沟通，保证了信息的畅通、及时、有效，提升了督促安全整改的效果。

对于需要整改的工地，或者存在较大安全隐患的工地，及时上报建委质量安全监督站，由质量安全监督站进行专项督促检查，可以有效保证安全隐患整改的及时性，避免既有安全隐患引发亡人事故。

6.数据分析应用。依据检查积累的大数据进行统计分析，明确安全隐患的发生范围、发生概率、发生类型等，为建委下一年的安全管理思路和工作重点提供数据支撑，也为巡查组安全巡查工作改进起积极作用。

7.智慧工地。随着信息化技术、科学技术和新工艺、新设备等的发展和使用，施工现场的安全管理标准化、可视化和智能化成为可能，目前在建委的指导

下部分工地已经在推进安全智慧工地的建设，提升了管理的效率，扩大了管理的范围，使安全预控性得到了有效加强，智慧工地建设已取得了较好的管理效果。

四、安全巡查工作取得的成果

（一）有效避免了重、特大事故的发生，使较大安全事故的发生在可控范围内，一般伤亡事故的发生率也大幅度降低。

（二）既化解了区建委的安全管理压力，也为工程建设各方节约了安全管理成本，创造了良好的社会及经济效益。

（三）有效提升和增强了参建各方管理人员和施工人员的安全意识，逐渐由被动接受转变为主动执行，使安全管理意识深入人心，各项管理制度和保障措施得到进一步落实。

（四）安全巡查为监理企业寻求新的服务市场走出一条新路，重庆市建委多次派员来公司考察，并与巡查组座谈。在重庆市建委组织召开的2015年度监理工作年会上，市建委还专门邀请公司总经理就协助大渡口区建委开展安全巡

查工作交流经验。

（五）推动了本地政府行政管理体制的改革。大渡口区建委和公司在履行第一份《安全管理技术服务合同》时，区建委采取自筹资金的办法支付巡查服务费用。由于公司认真履行《安全管理技术服务合同》约定的巡查责任和义务，较好地配合了区建委对在建工程进行安全生产管理，发挥了协同作用，使大渡口区在建工程的安全生产形势处于良好正常的状态，得到了区政府的认可与赞誉。如今，区建委已将安全巡查服务费列入区政府的年度财政预算，由区政府财政统一支出，保障了资金来源。

结语

工程监理企业开展政府购买的第三方巡查服务，不仅是政府探索工程监理企业参与工程监管的新模式，也是工程监理企业拓展多元化服务的尝试。工程监理企业开展政府购买的第三方巡查服务，能够在保障工程建设质量安全、提高工程监理在施工现场的地位等方面发挥积极的作用。

浅析加强造价审核在工程项目中的作用

廉静

河南兴平工程管理有限公司

摘 要：工程造价审核是合理确定工程造价的必要程序及重要手段，通过对工程造价进行全面、系统的检查和复核，及时纠正其存在的错误和问题，使之更加合理地确定工程造价，达到有效控制工程造价的目的，保证项目目标管理的实现。因此，提高造价人员的职业素养，对工程造价进行科学有效、实事求是的编核，才是造价咨询企业快速发展的内在要求，只有这样，企业才能在未来发展中走得更远。

关键词：工程造价 问题分析 审核总结 全过程控制

工程造价的审核工作是造价咨询业务的主要内容之一，笔者通过长期的学习和实践对如何做好造价咨询工作有了更清晰的认识。工程造价审核是合理确定工程造价的必要程序及重要手段，通过对工程造价进行全面、系统的检查和复核，及时纠正所存在的错误和问题，使之更加合理地确定工程造价，达到有效控制工程造价的目的。

中国工程造价管理的变革与中国经济体制的变革紧密相关，到目前为止，中国工程造价管理中依然有计划经济的痕迹。这就是导致目前工程造价管理体系与市场经济不相适应的原因，如概算、预算、结算管理制度，实际上是静态、被动，事后分段式管理的体系。例如与预结算制度相适应的设计文件深度不够，或者设计文件的深度与定额吻合，但在现实中不适合综合单价或包干计价的要求；还有以批价、核价、审价为核心的过程管控等。因此，对工程造价进行科学有效、实事求是的编核，才是造价咨询企业快速发展的内在要求，只有这样，企业才能在未来发展中走得更远。

一、工程造价审核过程中存在的问题

由于建筑工程造价的审核工作是一项很烦琐而又必须很细致地去对待的技术与经济相结合的核算工作，不仅要求审核人员要具有一定的专业技术知识，包括建筑设计、施工技术等一系列系统的建筑工程知识，而且还要有较高的预算业务素质。在实际结算工作中，高估冒算现象普遍存在，一些施工单位为了获得较多收入，不从改善经营管理、提高工程质量、创造社会荣誉等方面入手，而是采用多计工程量、高套定额单价、巧立名目等手段人为地提高工程造价。另外由于工程造价构成项目多，且变动频繁，使计算程序复杂，计算基础不一，这些均容易造成错误。

二、工程造价编制审核的方法

工程造价的审核工作，工作重点主要是工程量是否正确、定额子目的套用是否合理、费用的计取是否准确三个方面，在建筑工程施工图的基础上结合招投标书、合同以及地质勘查资料、工程变更签证、材料设备价格签证、隐蔽工程验收记录等竣工资料，按照有关的文件规定进行计算审核。由于建设工程的生产过程是一个周期长、数量大的生产消费过程,具有多次性计价的特点。因此采用合理的审核方法不仅能达到事半功倍的效果,而且将直接关系到审查的质量和速度。在实际的工作中,笔者认真分析了如何做好工程项目的全过程造价质量控制,并总结了行之有效的审核方法以提高工作效率。

(一)全面审核法:全面审核法就是按照施工图的要求,结合现行定额、施工组织设计、承包合同或协议以及有关造价计算的规定和文件等,全面地审核工程数量、定额单价以及费用计算。这种方法实际上与编制施工图预算的方法和过程基本相同。这种方法常常适用于投资不多和工程内容比较简单(分项工程不多)的项目,如维修工程、围墙、道路挡土墙、排水沟等。这种方法的优点是全面和细致,审查质量高,效果好;缺点是工作量大,时间较长,存在重复劳动。在投资规模较大,审核进度要求较紧的情况下,这种方法是不可取的,但建设单位为了严格控制工程造价,仍常常采用这种方法。

(二)重点审核法:重点审核法就是抓住工程预结算中的重点进行审核的方法。这种方法类同于全面审核法,区别仅是审核范围不同而已。该方法是有侧重的,一般选择工程量大而且费用比较高的分项工程的工程量作为审核重点。如基础工程、砖石工程、混凝土及钢筋混凝土工程,门窗幕墙工程等。高层结构还应注意内外装饰工程的工程量审核。而一些附属项目、零星项目(雨篷、散水、坡道、明沟、水池、垃圾箱)等往往忽略不计。需要重点核实与上述工程量相对应的定额单价,尤其重点审核定额子目容易混淆的单价。另外对费用的计取、材差的价格也应仔细核

实。该方法的优点是工程量相对减少,效果较好。例如平禹煤电公司的部分结算审核工作。平禹煤电公司自身管理比较完善,拥有自己的工程造价核算人员,施工单位报审的工程造价双方大多已经核对完毕,采用重点审核法可以很好地提高工作效率。

(三)对比审核法:在同一地区,如果单位工程的用途、结构和建筑标准都一样,其工程造价应该基本相似。因此在总结分析预结算资料的基础上,找出同类工程造价及工料消耗的规律性,整理出用途不同、结构形式不同、地区不同的工程单方造价指标、工料消耗指标。然后,根据这些指标对核算对象进行分析对比,从中找出不符合投资规律的分部分项工程,针对这些子目进行重点计算,找出其差异较大的原因及审核方法,笔者常用这种方法做工程造价的自我审查。常用的分析方法有:

1. 单方造价指标法:通过对同类项目每平方米造价的对比,可直接反映出造价的准确性。

2. 分部工程比例:基础、砖石、混凝土及钢筋混凝土、门窗、围护结构等各占定额直接费的比例。

3. 专业投资比例:土建、给水排水、采暖通风、电气照明等各专业占总造价的比例。

4. 工料消耗指标:即对主要材料每平方米耗用量的分析,如钢材、木材、水泥、砂、石、砖、瓦等主要工料的单方消耗指标。

例如某棚改小区的预算编审工作,该小区虽然户型较多,但结构形式大部分属于6层砖混结构,笔者将各个户型的预算编制完成后采用对比审核法进行相互比较,发现问题,及时纠正,从

而提高了工程预算编制的准确性和编制速度。

(四)分组计算审核法:就是把预结算中的有关项目划分成若干组,利用同组中的数据审查分项工程量进行审核的方法。采用这种方法,首先把若干分部分项工程按存在相同或相近计算基数关系的进行编组。审查一个分项工程量,就能判断同组中其他几个分项工程量的准确程度。如一般把底层建筑面积、底层地面面积、地面垫层、地面面层、楼面面积、楼面找平层、楼板体积、天棚抹灰、天棚涂料面层编为一组,先把底层建筑面积、楼地面面积求出来,其他分项的工程量利用基数就能得出。这种方法的最大优点是审查速度快、工程量小,从而使笔者的工作业绩有了很大提升,为公司创造出了更高的效益。

(五)筛选法:筛选法是统筹法的一种,通过找出分部分项工程在每单位建筑面积上的工程量、价格、用工的基本数值,归纳单方基本值表,当所审查预算的建筑标准与"基本值"所适用的标准不同,就要对其进行调整。这种方法的优点是简单易懂、便于掌握、审查速度快、发现问题快,但解决差错问题尚需继续审查。

审核过程完成后(即出具"工程造价咨询报告"),并不等于审核工作全面结束。跟踪落实和整理档案阶段的工作是项目审核的最后一个环节,是审核成果的最终体现。工程造价审核的底稿一定要按照审核档案的管理要求进行收集和整理,以便日后查阅和借鉴。认真撰写审核业务工作总结,记录审核过程中的重大问题及解决方法。

总之,工程造价审核质量的好坏是多种因素综合作用的结果,若不能严格

把关将会造成不可挽回的损失。这是一项细致具体的工作，计算时要认真、谨慎，不少算、不漏算。同时要尊重实际，不多算、不高估冒算，不存侥幸心理。审核时，要理性，不固执己见，保持良好的职业道德与自身信誉。在以上基础上保证"量"与"价"的准确真实，做好工程结算的去虚存实，使每一个工程造价审核项目都成为审核精品，同时为工程造价审核工作创造一个良好的发展环境，促使工程预结算的良性循环。

三、工程造价预（结）算审核质量全过程控制

工程造价全过程控制是对建设项目的造价从决策、设计、招标、施工直至竣工结算实施以概算为控制目标的全过程及动态化管理，其核心是通过全过程控制来确保"合同价 ± 累积变更 ≤ 概算"。要实施全过程造价控制，需要从以下几方面入手：

（一）聘请及整合设计与专业顾问团队。业主应根据项目的业态和项目涉及的专业，聘请本地建筑设计院和专业顾问团队，确保项目的所有专业均由设计院或相应的专业团队负责设计，使得所有设计团队在一开始就得到整合，所有的设计工作能同步开展并得到协调，从而保证各设计阶段的设计成果文件能满足设计方案经济比较、估算、概算和招标等的造价控制要求。

（二）延伸专业顾问团队的服务。根据项目技术复杂性、专业多样性、标准要求高、技术难度大等特点，业主应延伸专业顾问团队的服务至招标和施工阶段，包括对所有技术回标文件的分析，撰写询标问卷，参加技术询标，编制回标分析报告、合同图纸，以及负责施工阶段深化图纸审批和物料审批等，充分发挥专业顾问全过程的作用，从而确保承发包合同没有任何技术及商务的风险。

（三）完善合同架构。因项目涉及的材料设备成千上万，参与的承包商及供应单位繁多，采用土建施工 + 总承包施工管理 + 专业承包 + 甲供或平行发包 + 甲供发包模式是不能适应工程建设需要的。业主应根据项目的施工及工程管理特点，合理地划分标段，建立一个与整个项目设计、开发进度、工程管理等相吻合的合同架构体系，实行总承包 + 专业分包的合同体系。

（四）明确合同的计价模式。除土建工程外，项目的钢结构工程、幕墙工程、机电工程、弱电工程、精装修工程、泛光照明工程和电梯工程等均需要承包商负责深化设计。为减少合同争议，可以采用招标图纸 + 技术规范包干计价的合同模式。

（五）减少甲供或取消甲供。甲供模式弊端繁多，如业主需要投入大量人员处理甲供材料设备的招标和日常管理，甲供材料设备不能到场难以追究总承包商及专业分包单位的工期延误责任，因此应尽量避免甲供模式。

（六）建立一套按国际惯例进行施工阶段造价控制的流程；建立变更预评估审批制度；严格把关现场签证和技术核定单的真实性及资料完整性；引入合同图纸的理念，建立以合同图纸作为计算增减变更依据的管理体系。

（七）聘请全过程造价咨询顾问，实施全过程造价控制。

结语

工程造价是一项技术性、专业性、政策性很强的工作，贯穿于投资决策、项目设计、招标投标和建设施工各个阶段，要运用科学技术原理进行编审，以解决工程建设活动中的技术与经济、经营与管理等实际问题。同时，只有拥有一支懂技术精业务、政治素质过硬、责任心强、经验丰富的工程造价管理队伍，才能提高建设工程造价编审管理水平，才能推动工程造价咨询业的发展。在工程施工的各个阶段，不同角色的项目管理者时时要有控制造价的经济头脑，认真分析和充分利用建设周期中的重要信息，把握市场经济的脉搏，有效地控制工程造价，节约工程资金，最大限度地提高建设资金的投资效益。

小湾水电站监理进度控制与管理经验

郭万里

中国水利水电建设工程咨询西北有限公司黄登监理中心

一、工程概况

小湾水电站位于云南省西部，南涧县与凤庆县交界的澜沧江中游河段，在干流河段与支流黑惠江交汇处下游1.5km处，系澜沧江中下游河段规划8个梯级中的第二级。电站装设6台单机容量700MW的混流式机组，总装机容量为4200MW，保证出力1854MW，多年平均发电量190.6亿kWh。水库正常蓄水位1240m，总库容$1.5\times10^{10}m^3$，为多年调节水库，电站以发电为主，兼有防洪、灌溉和库区水运等综合效益。枢纽由混凝土双曲拱坝、右岸地下厂房和左岸泄洪洞组成，双曲拱坝坝顶高程1245m，最大坝高294.5m，由43个坝段和1个推力墩组成。电站两岸边坡最大高度近700m，总开挖方量1400余万立方米，双曲拱坝坝体混凝土达860余万立方米，其高边坡及大坝混凝土施工规模和难度在中国乃至世界上均极具难度和代表性，西北监理在工程实施过程中积累了多项技术攻关、管理创新方面的进度管理措施经验，顺利完成了电站建设的各个里程碑目标。

二、进度控制的组织措施

建设工程具有规模庞大、工程结构与工艺技术复杂、建设周期长及相关单位多等特点，决定了其进度控制将受到许多因素的影响，如：人为因素、技术因素、设备因素、材料因素、资金因素、水文因素、地质因素及气象因素等。因此，工程建设过程中，必然会因为新情况的产生、各种干扰因素和风险因素的作用而发生变化；建立进度控制管理体系，通过采取事前制定预防措施、事中实施有效对策、事后进行妥善补救的工程进度计划控制方法，实现对工程进度的动态控制，最终达成建设工程项目总进度目标。

（一）建立三级进度控制体系

工程进度控制是监理的主要工作任务之一，在监理组织结构中建立进度控制管理体系是做好工程进度控制的前提和保障。西北监理在小湾电站建立了三级进度控制管理体系，职责分明、效率高，能有效掌握工程进展动态，便于进度控制的实施。第一级为总监理工程师负责的工程总进度控制，此为最高级进度控制。该级可从各施工项目组织人员成立总进度控制和协调小组，定期或不定期讨论和商定当前或潜在的重大进度问题、各标之间的相互干扰，以及来自工程外部的干扰等。第二级为各主要施工项目总进度控制，由负责各施工项目的监理工程师承担。该级进度控制的作用是接受第一级进度控制的指导，向上一级控制提供信息，协助第一级进行工程总进度控制，并指导第三级进度控制工作。第三级为各单项工程进度控制，在第二级进度控制的指导下工作，具体监控各单项工程进度的实施，并向上一级控制提供进度的基本资料和信息，协助其工作。

（二）进度控制的工作流程

进度控制管理是动态的、全过程的管理，其主要方法是规划、控制、协调。工程项目编制进度计划的对象由大到小，计划的内容从粗到细，形成了项目计划系统。进度控制是随着项目的推进而不断进行的，是个动态过程，由计划编制到计划实施、计划调整再到计划编制，是一个不断循环的过程，直到目标实现。计划实施与控制过程也是信息的传递与反馈过程。同时，编制计划时也考虑了各种风险的存在，使进度留有余地，具有一定的弹性。控制进度时，可利用这些弹性，缩短工时，或改变工作之间的搭接关系，确保项目工期目标的实现。

（三）进度控制的措施方法

进度计划的审查，对工程项目进度计划（包括总进度计划、分年施工计划、

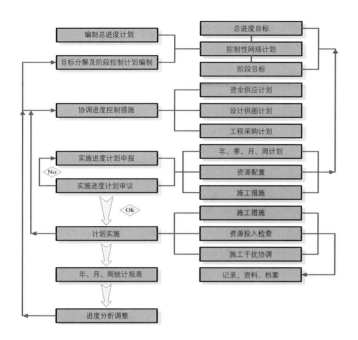

季度施工计划、分月施工计划等）进行认真审查。审查的主要内容包括：施工布置、施工组织、施工技术措施对工程质量、合同工期与投资目标控制的影响；施工进度计划对实现合同工期和阶段性工期目标的响应性与符合性；重要工程项目的进展及各施工环节逻辑关系的合理性；关键线路安排的合理性；施工资源（包括技术工人组合、施工设备、施工供料与供应条件）投入的保障及其合理性；对业主提供条件（包括设计图纸、工程用地、主材供应、工程设备交货、资金支付等）要求的保障及其合理性。

进度计划的跟踪监测。为了确保工程进度目标按期实施，监理必须密切关注施工进度，随时了解施工过程中存在的问题并协调解决，严格控制关键路线施工工序的施工进展。西北监理在小湾电站主要通过收集进度报表资料、现场实地检查工程进展情况、定期组织召开不同层级的协调会等方式对进度计划进行跟踪检查，并且把实际施工进度与计划进度相比较，找出偏差，分析偏差，

研究偏差对后续工作的影响，提出解决措施和办法，阶段性地提出进度计划分析报告，以便研究对策，提出纠偏措施。

进度计划的调整。进度控制的动态特性决定了其在执行过程中不可能与计划目标完全一致，需根据工程实际情况不断地进行调整，采取进度调整措施，应以后续工作和总工期的限制条件为依据。工程总进度目标、重要里程碑目标、年度计划目标应作为"强制性"工期控制目标，监理在审批季度、月、周计划时应以此为依据，施工过程中的进度调整应当以满足"强制性"工期目标为基本条件。当进度偏差影响到总工期时，必须采取增加资源投入，调整施工方案等"赶工措施"进行补救。

三、进度控制的技术措施

小湾水电站建设期长达10年，建设这样一座世界级高坝，在当年无论从科研、设计到施工、监理均缺乏实践经验，施工当中也遇到了诸多技术难题，

西北监理通过组织攻关试验、专项课题研究等方式，不断探索和总结，在攻克技术难题的同时，也有效保证和促进了工程进度。

（一）不良地质边坡锚索工艺试验

小湾水电站两岸边坡地形陡峻，两岸均分布有较大规模的崩塌堆积体，厚度9.6~38.8m，其成分主要为碎石粉土夹块石、大孤石等，其中块石、孤石约占80%，粉土约占20%，边坡稳定性较差，需要大量的锚固措施。电站边坡于2002年3月启动开挖，至4月底已开挖至1465m高程。由于地质条件差，在锚索造孔时频繁遇到了坍孔、卡钻、漏风等问题，难以成孔。采取固壁灌浆虽能解决造孔问题，但灌浆量大，多次扫孔既加大了成本，也严重拖后了工期，造一个孔一般耗时15~20天甚至更长，施工效率远远低于正常水平，边坡锚固跟不上，开坡也被迫暂停下来，整整两个月边坡开挖及支护施工几乎处于停滞不前的状态。为解决锚索施工难题，西北监理提出开展"不良地质边坡锚索工艺试验"进行课题攻关。

不良地质边坡锚索工艺试验的目的是寻求解决风化岩体及堆积体锚索施工钻进机具、成孔方法、堵漏、灌浆工艺等问题的方法。试验区选择在右岸边坡，选取不同厚度的堆积体及风化岩体的区域，技术工艺选择普通冲击钻钻孔、组合螺旋钻钻孔、普通钻机跟管钻进、偏心钻机跟管钻进4种。预先要进行锚索造孔工艺试验。经过改造设备，控制不同地层条件的钻进速度、钻进工艺参数等试验，最终采用组合螺旋钻机在卸荷风化岩体中钻孔获得成功，采用偏心钻机跟管钻进解决了堆积体中钻孔的难题，锚索造孔耗时取得重大突破，一般

40~50m 左右的孔 1~2 天即可完成造孔。解决锚索造孔难的问题后，西北监理继续推动解决灌浆问题，由于破碎岩体中裂隙发育程度高、空洞多，锚索灌浆量也远远超出设计工程量，不仅耗时长也大大增加成本，经过室内灌浆试验和现场生产性试验对比，确定了采取锚索自由段包裹土工布加细帆布的方法，土工布的作用是防止水泥浆液渗漏流失，细帆布的作用是在穿索时保护土工布不被破坏，锚索自由段的灌浆量基本接近理论工程量。锚索工艺试验历时近 4 个月，有效解决了不良地质条件边坡锚索施工难题，工程施工进度得以正常推进。

（二）优化边坡梯段开挖高度

小湾水电站两岸边坡最大高度近 700m，总开挖方量 1400 余万立方米。原设计边坡为每 20m 一个梯段，预裂孔一次到位，主爆区开挖分两次进行，即每 10m 一个台阶。预裂孔钻孔精度要求高，钻孔耗费时间长且与主爆区施工进度不匹配，钻孔、爆破、出渣循环时间长，设备利用率低，难以形成大规模开挖局面。为此，西北监理根据地质、地形条件，提出修改马道系统，开口点、终坡点不变，开挖量不增加，略微放陡（0.05）边坡，将 20m 一个马道改为 15m 一个马道。在 15m 台阶上，预裂爆破与主爆区 15m 台阶一次爆破。这样做将预裂孔钻孔深度由原来的 25 ~ 28m 减少到 18 ~ 21m，提高了预裂孔钻孔精度和开挖质量。同时将主爆区开挖梯段由 10m 增加到 15m，增大了一次开挖的规模，大大加快了开挖施工进度，增加了开挖梯段也方便了边坡锚索等支护项目的施工，更有利于边坡稳定。

2002 年 11 月中旬该工艺在右岸 1425~1365m 高程 60m 高开挖范围实施，60m 高的开挖边坡分 4 层马道，将原来按 6 层梯段开挖，改为按 4 层开挖，至 2002 年 12 月底顺利挖到 1365m 高程，完成了年度计划工期要求。小湾水电站边坡自 2003 年起全面推广实施 15m 马道梯段开挖，并且创造了月开挖强度 100 万方以上的记录，为完成两岸边坡于 2005 年 8 月顺利开挖至 953m 建基高程，并按期实现大坝首仓混凝土浇筑的目标奠定了基础。

（三）上游围堰"幕墙结合"的防渗形式

上游围堰堰型为土工膜心墙堆石围堰，上部堰体防渗采用土工膜心墙，堰基防渗原设计采用混凝土防渗墙，河谷呈中间深两岸浅"V"字形，河床分布有冲积层（原始厚度为 16 ~ 22m）、坡积层（原始厚度 5 ~ 23m）、人工堆积层（主要由两岸开挖滚入河床的块石组成），防渗墙最大深度约 50m。鉴于围堰防渗墙轴线河床存在大量孤石、特大块石，有架空情况，施工防渗墙在处理孤石、孔斜等将耗费大量时间，防渗施工难度大。

电站于 2004 年 10 月 25 日实施大江截流，迅速完成防渗平台填筑后于 10 月 31 日开始了河床中部最深部位的防渗墙造孔施工。按设计推测基岩线，左右岸河床堆渣层仅 10 ~ 16m 左右，不在防渗墙工期的关键线路上，可根据需要适当延后施工日期。因此，为确保左右岸坝肩开挖出渣交通，经各方决策确定了两岸道路交替通行，分期施工防渗墙的方案。右岸岸坡防渗平台至 11 月底才填筑完成，滞后河床中部 1 个月。12 月中旬，右岸防渗墙先导孔勘探至 36.7m 处仍未入基岩，基岩面深度较原推测基岩线至少加深 20m，且块石、孤石架

空现象更为严重，防渗墙出现了罕见的"W"字形。

根据河床中部防渗墙施工实际情况，冲击钻造孔平均工效每日仅在 1.0 ~ 1.5 米 / 台左右，按此工效计算，完成上游堰基防渗处理将至少推迟至 2005 年 5 月，工期拖后达两个多月，不满足安全度汛和基坑开挖的要求。针对上游围堰存在的重大工期问题，西北监理经过专题研究，提出上游围堰堰基防渗采用可控帷幕灌浆与防渗墙相结合的方式，得到业主、设计部门的采纳。上游围堰防渗形式由右侧 5 排可控帷幕灌浆 + 左侧混凝土防渗墙相结合，可控帷幕灌浆轴线长度 43m，自 2005 年 1 月 10 日开始至 3 月 12 日完成，达到了 3 月中旬完成防渗墙的目标，防渗幕厚、防渗效果等指标检查结果均满足设计防渗要求。

四、进度控制的管理措施

小湾水电站坝体共分 43 个坝段和 1 个推力墩，最大底宽 72.91m，最大浇筑块长 88m（含贴角混凝土），混凝土总量达 860 余万立方米，在同类型坝中混凝土体量堪称世界之最。大坝原计划于 2015 年 9 月 1 日浇筑首仓混凝土，建基面开挖后因高地应力导致岩石发生严重卸荷，对河床坝段坝基卸荷区继续下挖 2.5m 后于 2015 年 12 月 12 日浇筑首仓混凝土，混凝土施工工期滞后合同工期 103 天。为满足电站发电目标，西北监理在监理过程中制定了混凝土浇筑"一条龙"的进度管理措施。

（一）规范下料、平仓、振捣的施工措施

小湾水电站采取不设纵缝通仓浇

筑，仓面面积较大，且仓内设备较多，如何做到多个设备协调作业，是小湾水电站混凝土前期浇筑的难点，也是制约施工进度的关键因素。西北监理经现场不断地摸索总结，提出了规范平仓、下料、振捣的施工工艺。由于缆机轴线与大坝仓面存在一定的夹角，按照缆机控制轴线进行仓面分区，在单条带下料时可避免缆机频繁行走大车导致对位困难的问题。仓面设备按照单台缆机配置平仓机、振捣臂各一台，铺料方向自上游向下游开始，平仓机在铺料条带上平仓，振捣臂在下游进行振捣。仓号的分区根据缆机投入数量确定，开仓前在仓面做明显标识，包括分区界限、分层厚度、铺料宽度等，浇筑过程中，每区设一名现场负责，主要负责本区内的缆机卸料、平仓、振捣等工作。这一措施于2006年6月起实施，大坝单仓浇筑强度由原来的平均 $150m^3/h$ 提高到平均 $220m^3/h$，每小时最高强度超过 $250m^3$ 以上。另外仓内平仓、振捣设备分区配置，并且按顺序平仓振捣，有效保证了混凝土浇筑质量。

（二）大坝无间隙转仓措施

2006年9月，大坝混凝土月浇筑产量一直未突破 $1.5×10^5m^3$，远远低于合同规划的高峰期月浇筑混凝土 $2.1×10^5m^3$ 的水平，在现有资源设备的条件下，西北监理从混凝土浇筑"一条龙"各个环节入手，不断寻求提升混凝土浇筑强度的突破口。大坝混凝土浇筑仓号收盘至待浇仓号开盘之间的衔接时间称转仓时间，转仓过程中需将缆机摘罐转移平仓、振捣等设备，一般情况下需要3~4小时，并且由于缆机很难实现同进同出，在转仓时段缆机闲置现象非常普遍。结合缆机与大坝平面的对应关系，针对下一个待浇仓号的位置，控制上游或下游依次收仓并退出缆机，仓面收仓控制在一小时之内。仓号收盘时，选择最佳位置的1~2台缆机提前摘罐负责施工设备的调运、转移，以及调运设备的缆机位置固定，仓内设备陆续行走到指定位置，其他缆机不再摘罐，完成本仓剩余混凝土调运后直接进入下一仓浇筑。"大坝无间隙转仓"措施实施后，混凝土浇筑产量逐日递增，2016年10月起大坝混凝土月浇筑强度达到了 $1.8×10^5~1.9×10^5m^3$，并在2017年4月首次突破 $2×10^5m^3$。

（三）进度管理措施联合运用

2007年1月起，随着大坝混凝土浇筑上升，单仓仓面面积逐步减小，坝段逐步向两岸拓展，西北监理结合工程实际，陆续推出了"大坝多仓浇筑管理措施""缆机协管管理措施""拌合楼运行管理措施""大坝混凝土浇筑强度预警管理措施""大坝雨季施工管理措施""大坝孔口坝段施工管理措施"等多项进度管理措施。以上进度管理措施的联合运用，实现了大坝混凝土连续高强度生产。大坝混凝土最高月产量 $2.2×10^5m^3$，最高日产 $1.1×10^4m^3$，最高强度 $490m^3/h$，2007年10月—2009年3月大坝混凝土连续18个月月浇筑量达到 $2×10^5m^3$ 以上，2008年小湾水电站混凝土年浇筑量 $2.45×10^6m^3$，创造了仅采用6台缆机的单一浇筑手段在深山峡谷中浇筑拱坝混凝土的纪录。2010年3月8日，大坝混凝土全线封顶，大坝混凝土施工在滞后三个半月的情况下提前近8个月完成，较原合同工期62个月缩短了11个月，小湾水电站也实现了提前一年投产发电的目标。

参考文献

[1] 牛仁杰. 小湾十年——小湾水电站工程施工监理纪实 [J]. 西北水电，2013 (6).
[2] 巨亚东，郭万里. 多台缆机联合浇筑工艺在小湾水电站大坝混凝土浇筑中的应用 [J]. 西北水电，2010 (4).
[3] 薛忠，郭万里. 小湾水电站不良地质条件下的预应力锚索施工 [J]. 水力发电，2004 (10).

解读关于实施《危险性较大的分部分项工程安全管理规定》的通知（建办质〔2018〕31号）、《危险性较大的分部分项工程安全管理规定》（中华人民共和国住房和城乡建设部令第37号）

左宏枝

山西协诚建设工程项目管理有限公司

摘　要： 通过解读住建部发布的《危险性较大的分部分项工程安全管理规定》及住建部办公厅发布的关于实施《危险性较大的分部分项工程安全管理规定》的通知，以及与以往的《危险性较大的分部分项工程安全管理办法》（建质〔2009〕87号）对比，使大家对危大工程安全管理职责更明确。

关键词： 危险性较大　安全管理　解读

为进一步规范和加强危险性较大的分部分项工程安全管理，防范和遏制建筑安全生产事故的发生，住建部发布《危险性较大的分部分项工程安全管理规定》（中华人民共和国住房和城乡建设部令第37号），住建部办公厅发布关于实施《危险性较大的分部分项工程安全管理规定》的通知（建办质〔2018〕31号），那么这两个文件与以往的《危险性较大的分部分项工程安全管理办法》（建质〔2009〕87号）有何区别呢？以下是笔者的一些个人见解，如有不当之处望同仁们指出。

一、关于专项方案的内容方面

87号文关于专项方案有7条内容，而31号文改为9条内容。具体区别为：

（一）工程概况内增加危大工程的特点。

（二）编制依据：图纸（国标图集）改为施工图设计文件。

（三）施工工艺技术：增加操作要求，把检查验收另外列为一条，强调验收的重要性。

（四）将施工安全保证措施里的应急预案另外列为一条改为应急处置措施，强调了应急处置的重要性。

（五）将劳动力计划改为施工管理及作业人员配备和分工，并增加施工管理人员及其他作业人员，加大了安全责任的落实，强调了管理的重要性。

总体而言内容基本没变，着重强调了验收要求、应急处置措施。笔者认为既然是危险性大的工程，在编制方案时标题应体现安全，即为××安全专项施工方案。

二、危大工程的编制、审批、专家论证、验收等方面

（一）危大工程实行分包的，专项施工方案可以由相关专业分包单位组织编制（没有规定具体专业工程）。

（二）总监理工程师审查签字、加盖执业印章后方可实施（增加加盖执业印章）。

（三）专家论证前专项方案应当通过施工单位审核和总监理工程师审查（强调）。

（四）专家论证后对专项施工方案提出通过、修改后通过或不通过三种意见，必须有明确的意见。

（五）专项方案交底：87号文规定编制人员或项目技术负责人应当向现场管理人员和作业人员进行安全技术交底，而37号令规定编制人员或项目技术负责人应当向现场管理人员进行方案交底，

现场管理人员应当向作业人员进行安全技术交底。

（六）增加了施工单位应当对危大工程施工作业人员进行登记，项目负责人应当在施工现场履职。项目专职安全生产管理人员应当对专项施工方案实施情况进行现场监督（87号文为指定专人进行监督），对未按照专项施工方案施工的，应当要求立即整改，并及时报告项目负责人，项目负责人应当及时组织限期整改。

施工单位应当按照规定对危大工程进行施工监测和安全巡视，发现危及人身安全的紧急情况，应当立即组织作业人员撤离危险区域。

（七）报告变化：施工单位拒不整改或者不停止施工的，监理单位应当及时报告建设单位和工程所在地住房城乡建设主管部门（87号文为监理单位向建设单位报告，由建设单位向建设主管部门报告）。

（八）增加了监理单位应当结合危大工程专项方案编制监理实施细则。

（九）增加了危大工程验收合格后，施工单位应当在施工现场明显位置设置验收标识牌，公示验收时间及责任人员，并在危险区域设置安全警示标志。

（十）增加了对于按照规定需要进行第三方检测的危大工程，建设单位应当委托具有相应勘察资质的单位进行检测；增加了第三方检测的危大工程检测方案的主要内容，对危大工程各方验收人员作了更具体详细的规定。

（十一）在法律责任、处罚措施和监督管理方面作了更详细的规定，处罚内容更具体并进行了量化，做到处罚有据可依。

（十二）施工、监理单位应当建立危大工程安全管理档案。

三、危大工程范围

（一）危险性较大的分部分项工程范围：

1. 基坑支护、降水工程与土方开挖工程紧密联系，相辅相成所以把它们合并为一体，统称为基坑工程。

2. 模板工程及支撑体系：第一条各类工具式模板工程去掉大模板，增加隧道模；第二条混凝土模板支撑工程对施工总荷载进行标注时，应标注为荷载效应基本组合的设计值，集中线荷载也标注为设计值。

3. 起重吊装及安装拆卸工程改为起重吊装及起重机械安装拆卸工程。

4. 脚手架工程：第一条对脚手架范围进行标注（包括采光井、电梯井脚手架）；第二条变为附着升降脚手架工程；第四条变为高处作业吊篮；第五条变为卸料平台、操作平台工程，去掉自制、移动；第六条增加异型脚手架。

5. 去掉爆破工程，且具体内容变为可能影响行人、交通、电力设施、通信设施或其他建、构筑物安全的拆除工程（此条原为超过一定规模的危险性较大的分部分项里的内容）。

6. 其他内容增加装配式建筑混凝土预制构件安装工程，将暗挖工程专门列为一项内容。

（二）超过一定规模的危险性较大的分部分项工程范围：

1. 深基坑工程去掉87号文第二条内容。

2. 模板工程及支撑体系第一条、第二条内容变化与危险性较大的分部分项工程内容变化一致，都是对荷载进行了标注；第三条承受单点集中荷载700kg及以上变为7kN及以上，对整个文件的计量单位进行了统一。

3. 起重吊装及起重机械安装拆卸工程，第二条变为起重量300kN及以上，或搭设总高度200m及以上，或搭设基础标高在200m及以上的起重机械安装和拆卸工程。

4. 脚手架工程：第二条改为提升高度150m及以上的附着升降脚手架工程或附着升降操作平台工程；第三条更改为分段架体搭设高度20m及以上的悬挑式脚手架工程。

5. 拆除爆破工程改为拆除工程，将第一条、第三条删除。

6. 其他：将第四条中的地下暗挖工程、顶管工程作为单独一条列出来，并改为采用矿山法、盾构法、顶管法施工的隧道、洞室工程；增加第五条重量1000kN及以上的大型结构整体顶升、平移、转体等施工工艺。

总之关于实施《危险性较大的分部分项工程安全管理规定》的通知（建办质〔2018〕31号）、《危险性较大的分部分项工程安全管理规定》（中华人民共和国住房和城乡建设部令第37号）在危大工程安全管理制度方面规定更具体、详细，对各参建主体职责更明确，提高了危大工程安全管理的系统性和整体性。将危大工程安全管理责任落实到位，完善具体了法律责任和处罚措施。

参考文献

[1] 中华人民共和国住房和城乡建设部办公厅．住房城乡建设部办公厅关于实施《危险性较大的分部分项工程安全管理规定》的通知 [EB/OL]．[2020.6.1]．http://www.mohurd.gov.cn/wjfb/201805/t20180522_236168.html.

[2] 中华人民共和国住房和城乡建设部．危险性较大的分部分项工程安全管理规定 [EB/OL]．[2020.6.1]．http://www.mohurd.gov.cn/fgjs/jsbgz/201803/t20180320_235437.html.

[3] 中华人民共和国住房和城乡建设部．关于印发《危险性较大的分部分项工程安全管理办法》的通知 [EB/OL]．http://www.mohurd.gov.cn/wjfb/200906/t20090602_190664.html.

综合分析钢筋工程中的相关问题

陆九梅 南通海陵工程项目管理有限公司
晏国富 苏州市城建开发监理有限公司

一、设计

（一）梁端部上部和下部钢筋比值

在《建筑抗震设计规范》GB 50011-2010（2016版）的第6.3.3条中第二条款规定梁端截面的底面和顶面纵向钢筋配筋量的比值，除按计算确定外，一级不应小于0.5，二、三级不应小于0.3。结构设计师往往将梁下部一排和二排钢筋全部伸入支座。这样会造成大部分梁端部下部钢筋比上部钢筋多的现象，多数构件的比值与强规比值形成了反比。实际上一排和二排钢筋有部分完全可以不伸入支座。一排和二排钢筋全部伸入支座造成材料浪费和施工困难，而且对梁柱节点核心区质量十分不利。

（二）梁上部纵向钢筋躲让

在《混凝土结构施工钢筋排布规则与构造详图（现浇混凝土框架、剪力墙、梁、板）》18G901-1图集中，2~12页，第一条：节点平面相交框架梁标高相同时，一方向梁上部纵向钢筋将排布于另一方向同排梁上部钢筋之下。排于下方的梁纵向钢筋顶面保护层厚度增加，增加的厚度为另一方向梁上部纵向钢筋直径。当第一排钢筋直径不同时，取较大值。此条内容结构设计师应根据相关设计数据，用文字形式在梁平面图中进行说明或者画出一个钢筋截面躲让节点图。是数字轴线躲让字母轴线还是字母轴线躲让数字轴线。这样图纸非常明确，施工也方便，保证了节点部位和板面部位保护层厚度的一致。笔者通过调查发现设计阶段，存在没有采用躲让措施的问题。

（三）人防工程

因为战略需要，人防地下室顶板要覆盖很厚的土层，所以地下室顶板梁构件受力非常大，通常情况下底层柱承载所有楼层重量，截面会很大。但人防工程中，柱只承载地下室顶板重量，所以柱截面变小。通过设计计算柱截面完全满足要求，但造成了梁与柱构件严重不匹配，如果设计梁下部钢筋全部伸入支座更使得施工陷入困难的境地。这样设计是满足要求，但很不合理。

（四）地下室外侧保护层厚度界定

在地下混凝土墙体及其他基础构件中，土层接触面和迎水面设计保护层厚度多为50mm，没有描述清楚保护层厚度另加还是以原来构件作为保护层。如果地下消防水池两面都是迎水面，按构件本身做保护层，构件受力肯定受到一定影响。在《混凝土结构设计规范》GB 50010-2010（2015版）的第8.2.2条中第四条有明确规定，当地下室墙体采取可靠的建筑防水做法或防护措施时，与土层接触一侧钢筋保护层厚度可适当减少，但不应少于25mm。通常情况下地下室外侧都要做建筑防水。所以说保护层厚度也不必要设计50mm。

（五）框架边柱角柱柱顶构造

在《混凝土结构施工图平面整体表示方法制图规则和构造详图（现浇混凝土框架、剪力墙、梁、板）》16G101-1图集第69页，柱纵向钢筋伸出屋面，这个节点非常适用于施工实际情况，因为现在施工工艺都是把屋面（楼面）模板先施工完成，然后梁钢筋安装是在现浇模板面上操作完成，梁钢筋绑扎好后，是第二次落到梁模板中。在屋面部位如果柱纵向钢筋只到屋面板高度，造成梁柱节点处无柱纵向钢筋，柱箍筋无法安装，可将柱纵向钢筋伸出屋面，解决这个问题，梁柱节点处质量也会有所提高。笔者对多个工程项目进行了调查，基本上没有采用这种节点做法的项目。在《混凝土结构施工图平面整体表示方法制图规则和构造详图（现浇混凝土框架、剪力墙、梁、板）》11G101-1中没有这个节点构造，在16G101-1图集中才有这个节点构造。希望结构设计师在建筑外立面允许的情况下应用该节点。本节点也是根据近年来工程实践对图集的意见反馈而新增的节点构造，非常实用。

二、规范

（一）带E钢筋应用

混凝土结构工程质量验收规范规定，钢筋原材料进场时必须作力学性能和重量偏差检验，对有抗震设防要求的结构，其纵向受力钢筋性能应满足设计要求；当设计无要求时，一、二、三级抗震等级结构设计的框架和斜撑构件

（含梯段）中的纵向受力钢筋应采用带 E 钢筋。在实际工程施工中，施工单位将基础部分、非框架梁、箍筋等部位也用带 E 钢筋，是一种错误概念，实际上这些部位无需使用带 E 钢筋。

（二）框架中间节点水平箍筋设置

在《混凝土结构设计规范》GB 50010-2010（2015 版）的第 9.3.9 条中，框架中间节点内应设置水平箍筋，对四边均有梁的中间节点，节点内可只设置沿周边的矩形箍筋，不设置内箍筋；但在实际施工中都是按内箍筋设置的，这造成了施工困难，浪费了人工和材料。主要原因是图集中没有反应出此处节点构造。

（三）钢筋重量偏差检测

从不同钢筋中截取不少于 5 根，每根长度不小于 500mm，长度测量精确到 1mm。直径为 6 ～ 12mm 的允许偏差为 ±6%；直径为 14 ～ 20mm 的允许偏差为 ±5%；直径为 22 ～ 50mm 的允许偏差为 ±4%。重量偏差检测不合格不允许复试。

三、图集

（一）梁上部钢筋间距

根据 16G101-1 图集第 62 页，梁上下部纵向筋的间距要求，给出的两个数值一个是大于等于钢筋直径，一个是大于等于 25mm 无上限数值。试问如果此部位钢筋间距为 100mm，也符合图集要求，但实际操作是不可行的。因为梁上部及下部钢筋一排与二排间距大对结构受力是有影响的，所以应该给出一个上限数值。笔者认为应这样描述：不小于 25mm 且不小于钢筋直径，不大于某数值。

（二）中柱柱顶构造

16G101-1 图集第 68 页，第①节点构造不妥当，如果完全按该节点施工是

不成立的，一般框架柱到端部截面变小，但钢筋数量至少是 8 根，全部按 12d 弯折，再加上纵向轴线和横向轴线上的梁上部钢筋都是双排钢筋排布，会造成节点处钢筋太密，混凝土无法浇筑，显然是不合理的。从结构方面看此部位也不需要将全部纵向钢筋弯折，应该按百分比进行弯折，这样才比较合理。此处笔者和图集编制人员进行交流并得到认同。

（三）梁下部纵向钢筋不伸入支座

在 16G101-1 图集第 90 页、18G901-1 图集第 2-2 页中，不伸入支座的梁下部纵向钢筋断点位置，从直观上看是梁下部第二排中间钢筋不伸入支座。实际上是指梁下部第一排中间钢筋可以不伸入支座。此图形不妥之处笔者已经和图集项目技术负责人交流过，待图集修订时进行完善。

四、施工

（一）马凳材料应用

很多施工单位在大体积混凝土施工中用 25mm 钢筋做筏板马凳并不合理，应使用角钢，角钢与 25mm 钢筋相比，截面发生了变化，比如采用 40×40×5 角钢，刚度比直径 25mm 带肋钢筋强。从支撑焊接的接触面来讲，直径 25mm 带肋钢筋作竖向支撑和斜支撑焊接只能点焊，接触面积非常少，造成焊接不牢固；角钢焊接接触面积大，焊接牢固。40×40×5 角钢重量 2.976kg/m，直径 25mm 钢筋为 3.85kg/m。从质量、安全、成本方面考虑，角钢都优于 25mm 带肋钢筋。

（二）非框架梁箍筋

非框架梁箍筋不需要做 135° 弯钩，弯折后的平直长度不需要达到 10d，达到 5d 就可以，这在 18G901-1 图集中 1 ～ 9 页第 8.2.2 条中已经明确说明，很

多施工单位还是按框架梁箍筋的做法施工，造成浪费，只要满足要求即可。

（二）边柱、角柱柱顶构造

对于 16G101-1 图集第 67 页第⑤节点构造，笔者通过对多个施工项目部和钢筋班组调研，发现该节点被普遍使用，但都发生了同样的错误，把柱外侧钢筋做成了弯折 12d，实际上柱外侧钢筋是不需要做弯折的。发生这种错误主要是因为施工单位钢筋班组人员对该节点没有认真查看和研究，增加了施工难度。

（四）中柱柱顶机械锚固

16G101-1 图集第 68 页第③节点构造是柱顶机械锚固（边柱内侧纵向钢筋也可以用机械锚固方式）。16G101-1 图集第 59 页机械锚固注 4：螺栓锚头和焊接锚板的钢筋净间距不宜小于 4d，否则应考虑群锚效应的不利影响。机械锚固对梁而言是难以满足要求的，但能满足柱的要求，这种做法在工程实践中很少见，分析原因是受通常做法影响，主要是施工单位对机械锚固认识不足。应用机械锚固对降低施工难度，提高工程质量是非常有利的。

（五）抗震楼层框架梁锚固长度

在框架梁锚固长度计算中往往只是对 16G101-1 图集第 58 页表中受拉钢筋抗震锚固长度和第 84 页的楼层框架梁纵向钢筋构造进行长度计算，忽视了 58 页下面注第三条中的修正系数。因为混凝土框架结构中边柱、中柱与梁节点处锚固区保护层厚度大多数是大于 5d 的，符合修正系数条件，完全满足设计及规范要求。

（六）施工单位未能应用钢筋锚固修正系数的原因分析

1. 施工单位项目部及钢筋班组没有深入研究相关技术，施工水平不高。

2. 施工单位只知道钢筋保护层厚

度，忽略了锚固区保护层厚度，不知道其作用。

3. 在混凝土工程框架结构中只知道边柱与梁锚固是弯折锚固的，因为边柱很少能满足直锚固条件，所以在项目施工管理人员和钢筋工班组人员的脑海中形成边柱与梁锚固只有弯折锚固概念，而且是根深蒂固的。

4. 施工人员受16G101-1图集第84页图形的直观影响。

5. 从来没有见过的做法，没有先例，便没有人冒这样的风险。如果质监站、监理、业主验收不通过，造成返工，成本太大，没有人敢承担这样重大的责任。

（七）钢筋锚固修正系数应用成本节约

正确应用16G101-1图集第58页注3修正系数，可从不做弯折的边柱与梁锚固钢筋，在梁柱节点、柱墩、承台等钢筋锚固部位可以节约30%锚固长度，节省的人工和钢筋材料，按当前人工费和钢材价格计算，全国每年可节约几十亿甚至上百亿，产生的经济效益巨大。

（八）钢筋锚固修正系数应用可降低施工难度

梁柱节点安装是钢筋分项工程中的难点，也是工程质量中的重点，加强此部位的质量控制是非常必要的。梁柱节点是混凝土结构工程中的核心部位，箍筋安装不到位对抗震结构影响非常大，会失去主要抗震作用。此部位施工难度非常大，施工单位管理人员对梁柱节点箍筋的质量意识认识不足，总认为受力钢筋才是主要的，忽略此节点部位箍筋的重要性。应用16G101-1图集第58页注3修正系数，使弯折锚固变成直锚，可以方便梁柱节点钢筋安装，提高工程质量和加快进度。

（九）梁柱节点处柱箍筋安装

1. 在18G901-1图集2-14~2-33页中详细地画出了梁柱节点处箍筋构造。在16G101-1图集中没有这样详细的构造节点。很多施工单位的施工人员在实际工程施工中没有按18G901-1图集中节点构造施工，造成此处箍筋安装错误。柱箍筋应紧贴梁上部、下部纵向钢筋安装，这样此处上下端箍筋间距通常情况下为75mm，梁柱节点核心区柱长度减少50mm，对约束核心区柱纵向受力钢筋非常有利。

2. 由于现在梁钢筋安装施工工艺都是在现浇板模板面上完成，在梁落到模板时产生非常大的扰动，造成节点处的箍筋位置发生很大变化，无法满足设计和规范要求，客观地说也无法整改到位。在施工中可用4根长度略高于梁高度钢筋（12m或者14m）与箍筋焊接，使箍筋形成一个整体，此施工方法能很好地控制箍筋定位。由于焊接会对箍筋造成损伤，节点处的箍筋要提高一个规格。

（十）柱截面发生变化后的梁上部钢筋锚固计算

当柱上部截面尺寸小于下部柱截面时，梁上部钢筋锚固长度起算应为上柱内边缘，梁下部钢筋的锚固长度起算位置为下柱内边缘。在实际工程中经常遇到梁上部钢筋锚固长度按下部柱截面计算的，这是一种错误算法。

（十一）跨度值

跨度值在16G101-1图集的多个页面中提到，跨度值是计算梁上部非贯通钢筋及二排钢筋长度的依据，在施工过程中有左跨和右跨不等跨度，应该取最大跨度值计算上部非贯通钢筋及二排钢筋长度。

（十二）梁上下部纵向钢筋与二排钢筋的间距

梁上部第一排钢筋与第二排钢筋间距偏大，是钢筋安装中普遍存在的质量

问题，通过实践得出以下做法。采用非焊接箍筋，应该紧贴箍筋弯折后液窝平直部位，通过现场测量，间距都是大于钢筋直径且大于25mm，满足要求。在工程施工中应防止间距偏大而减弱结构受力，避免对结构产生不利影响。

（十三）拉筋

在16G101-1图集第62页，抗震构造要求拉筋两端为135°，但在实际施工中无法一次完成，必须一端是135°，另一端是90°，待拉筋安装到构件中，进行第二次弯折。且弯折后平直长度要达到抗震为10d和75 mm中的较大值，拉筋安装时一端135°和一端90°在构件中要交替放置，然后用特制扳手弯折90°部位，使90°部位变成135°。非框架梁及剪力墙可以一端135°另一端为90°置于混凝土构件中。当梁宽度小于等于350mm时拉筋为6mm，梁宽度大于350mm时拉筋为8mm。拉筋虽小，作用非常之大，它是保证混凝土构件的重要部件。

（十四）板面负加钢筋也称加强筋

板面附加钢筋以梁墙侧边算起，不得以梁和墙中心算起。施工中往往按中心线算起，使板面附加钢筋变短造成不符合要求的现象发生。

（十五）柱下独立基础钢筋安装及主体上部板钢筋安装

在16G101-3图集第67页中将长方向钢筋置于短钢筋之下，主体上部结构应将板下层长方向钢筋置于短方向钢筋之上，因为两者受力是相反的，这在工程施工中很容易搞错。柱下独立基础钢筋长度大于等于2500mm时，除外侧钢筋外，中间钢筋可以取0.9倍交错放置，当非对称独立基础底板长度≥2500mm时，且该基础某侧从柱中到基础底板边缘的距离<1250mm时，钢筋在该侧不应减短。

（十六）剪力墙与地下室外墙钢筋构造

在16G101-1图集第71~74页，剪力墙身水平钢筋在外侧，竖向钢筋在内侧；第82页地下室外墙竖向钢筋在外侧，水平钢筋在内侧，这两者往往会混淆，一定要注意两者的区别。

（十七）钢筋弯折的弯弧内直径

在16G101-1图集第57页注4：位于框架结构顶层端节点处的梁上部纵向钢筋和柱外侧纵向钢筋，在节点角部弯折处，当钢筋直径≤25mm时，弯弧内直径不应小于钢筋直径的12倍；当钢筋直径>25mm时，弯弧内直径不应小于钢筋直径的16倍。在钢筋加工中往往按楼层钢筋直径4倍节点进行弯折，这是错误的。

五、其他方面

（一）等面积换算

例如两根25mm换小直径钢筋，通过计算两根25mm等于981mm²，如果用2根20mm钢筋加1根22mm钢筋等于1006mm²，满足要求，但不成立。因为角部钢筋要大于中间钢筋，可用2根22mm钢筋加1根18mm钢筋等于1010mm²，满足换算要求，换算成立。

（二）等强度换算

例如两根HRB400的25mm钢筋，换成两根HRB335的25mm钢筋等于981mm²，981×360（设计值）=353160N，353160N÷300（设计值）=1177mm²，可用2根25mm（981mm²）钢筋加1根20mm（314mm²）钢筋等于1295mm²，满足换算要求。同一构件中纵向受力钢筋直径不应相差两个等级。

（三）钢筋的标准值、设计值、极限值

HRB400、HRB500、HRB600的钢筋抗拉强度标准值分别为400N/mm²、500N/mm²、600N/mm²；设计值分别为360N/mm²、435N/mm²、520N/mm²，极限值分别为540N/mm²、630N/mm²、730N/mm²；在钢筋复检报告中数值要比极限值大，小于极限数值是不合格的（钢筋混凝土用钢新标准中取消了HPB300、HRB335，增加了HRB600）。在《混凝土结构设计规范》GB 50010-2010（2015版）及《建筑抗震设计规范》GB 50011-2010（2016版）和16G101-1图集中，暂时无HRB600相关数据（江苏省混凝土结构设计标准中有HRB600数据），钢筋混凝土用钢新标准于2018年11月1日开始实施，造成其他规范内容无法相匹配。

（四）吊钩

电梯间顶部、工业厂房、其他建筑上吊钩必须用HPB300钢筋和Q235圆钢，不得用HRB400以上钢筋作为吊钩。因为HRB400以上钢筋塑性差，不可以弯折180°。新的设计规范中取消了HPB300的钢筋，所以吊钩只能用Q235圆钢。

（五）钢筋规格及应用

1. 钢筋混凝土用钢规格为6~50mm，28mm、32mm、36mm、40mm、50mm这5种是属于大规格钢筋，值得注意的是，好多设计师对大规格钢筋了解不够，把32mm的钢筋设计成30mm。但实际并没有30mm规格钢筋，主要是受小规格钢筋直径影响，都是按2mm递增一个规格，所以在设计师脑海里产生了大规格钢筋也是按2mm递增这样的错误概念。

2. 房屋建筑工程一般都用25mm以下钢筋（含25mm）。为什么房屋建筑工程很少用28mm以上的钢筋呢？一是因为房屋建筑构件体形比较小与建筑构件不匹配；二是28mm以上钢筋锚固长度修正系数增加同时也会增大构件截面；三是单根钢筋重量大施工不方便。直径28mm以上钢筋多用于大型公共建筑、水利、桥梁、冶炼、军事、港口等工程。

结语

钢筋工程在加工和安装中会发生诸多质量问题，钢筋工程一旦成形整改较为困难，梁柱节点部位是质量控制中的重点，做到事前控制为主，对16G101-1、16G101-2、16G101-3、18G901-1、18G901-2、18G901-3图集要充分研读，特别是钢筋锚固修正系数的正确应用，能给钢筋工程带来非常多的有利因素。在图纸会审时要与设计师深入交流（本文第一节内容），消化图纸中会给施工带来不利的因素。在工程施工中减少钢筋质量问题发生，使钢筋工程质量有所提高。

参考文献

[1] 16G101-1 混凝土结构施工图平面整体表示方法制图规则和构造详图（现浇混凝土框架、剪力墙、梁、板）[s]. 北京：中国建筑标准设计研究院，2016.

[2] 16G101-2 混凝土结构施工图平面整体表示方法制图规则和构造详图（现浇混凝土板式楼梯）[s]. 北京：中国建筑标准设计研究院，2016.

[3] 16G101-3 混凝土结构施工图平面整体表示方法制图规则和构造详图（独立基础、条形基础、筏形基础、桩基础）[s]. 北京：中国建筑标准设计研究院，2016.

[4] 18G901-1 混凝土结构施工钢筋排布规则与构造详图（现浇混凝土框架、剪力墙、梁、板）[s]. 北京：中国建筑标准设计研究院，2018.

[5] 18G901-2：混凝土结构施工钢筋排布规则与构造详图（现浇混凝土板式楼梯）[s]. 北京：中国建筑标准设计研究院，2018.

[6] 18G901-3：混凝土结构施工钢筋排布规则与构造详图（独立基础、条形基础、筏形基础、桩基础）[s]. 北京：中国建筑标准设计研究院，2018.

[7] GB 50010-2010 混凝土结构设计规范[s]. 2015版. 北京：中国建筑工业出版社，2015.

[8] GB50011-2010 建筑抗震设计规范[s]. 2016版. 北京：中国建筑工业出版社，2016.

[9] GB50204-2015 混凝土结构工程施工质量验收规范[s]. 北京：中国建筑工业出版社，2014.

[10] GB／T 1499.2-2018 钢筋混凝土用钢 第2部分：热轧带肋钢筋[s]. 北京：中国标准出版社，2018.

满堂支架分段横移技术在施工中的应用

刘永才

宁波交通工程咨询监理有限公司

摘　要：桥梁整体现浇使上部结构的整体性能好，能够较好地分布荷载，亦可使伸缩缝数量减少到最小，提高了行车的舒适性，所以陆上分离式立交桥大多采用整体现浇的连续结构形式。陆上分离式立交桥整体现浇箱梁施工，通常采用满堂式脚手架搭设，但满堂式脚手架搭设与拆除需耗费大量的人工、材料、机械，使工程工期延长，而满堂支架分段横移技术在施工中的应用将较大地节省支架的拆除和重新搭设的人力，很大程度缩短支架搬移时间，消除了支架拆除现场的杂乱现象，减少了支架拆除时对支架构件的损耗，是解决此类问题的一个有效途径。

关键词：满堂支架　分段横移　应用

前言

在高速公路分离式立交现浇梁施工中，满堂支架因其材质轻便，钢材使用少，便于转场拆装运输，搭设仅需投入熟练架子工人，不需要电焊辅助，也不需要配备大型起重设备等优势，被广泛应用。但满堂支架的搭设与拆除需要人力操作的工作量较大，耗时较长；特别是现浇梁工程量大的工地，不可能全桥一次性投入支架，而需要考虑分段满堂支架周转搭设。在支架周转使用过程中，满堂支架的多次拆除和重新搭设，较为频繁，需要投入较多的熟练架子工，耗费时间较长；在支架拆除过程中，容易损坏支架杆件，且施工现场文明施工形象较差，容易发生物体打击安全事故。如果能实现支架的整体迁移，可以节省很多支架拆除的工作量，对提高经济效益、工期效益非常明显。为了节省满堂支架拆除和重新搭设的人力投入，缩短满堂支架迁移时间，在浙江三门湾大桥及接线工程宁波段的新桥枢纽主桥和崇挽门大桥第一联现浇箱梁满堂支架施工中，采用满堂支架分段横移施工技术，减少了支架拆除时间，大大缩短了支架重新搭设的工期，实现了支架迁移工程中支架杆件零损耗，且施工现场规范整洁。

新桥枢纽主桥和崇挽门大桥第一联现浇箱梁满堂支架施工中，采用的是 HR 重型门式支架。在右幅满堂支架向左幅转场时，到支架整体迁移场地受限大，施工难度大，所以考虑采用了门式满堂支架分段横移施工技术。

一、门式支架结构形式

门式钢管脚手架以门架、交叉支撑、连接棒、挂扣式脚手板、锁臂、底座等组成基本结构，再以水平加固杆、剪刀撑、扫地杆加固，并采用连墙件与建筑物主体结构相连的一种定型化钢管脚手架（图1、图2）。

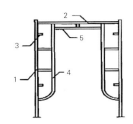

图1 门架
1—立杆；2—横杆；3—锁销；4—立杆加强杆；
5—横杆加强杆

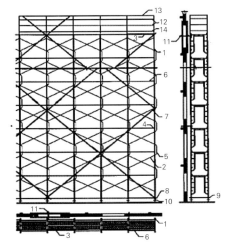

图2 门式钢管脚手架的组成
1—门架；2—交叉支撑；3—挂扣式脚手板；4—连接棒；5—锁臂；6—水平加固杆；7—剪刀撑；8—纵向扫地杆；9—横向扫地杆；10—底座；11—连墙件；12—栏杆；13—扶手；14—挡脚板

二、施工现场分析

（一）整体滑动横移

在已经施工完毕的箱梁下，从右幅向左幅整跨支架整体横移自重较大，需要采用多支点将支架先顶升，然后安装滑轮，采取支架整体横移；这样需要配置的千斤顶和滑轮数量较多，滑动推力、

方向、支架整体定位等作业现场操作条件受限较多，不易操作。

（二）单排滑动横移

根据门式支架结构，在拆除门架扫地杆，水平、纵向剪刀撑，纵向水平加固杆后，单排门架仍然可以形成支架整体结构；而单排门架自重较小，便于提升；单排支架滑动推力、方向、支架移动后定位等作业便于操作，且仅需投入少量的千斤顶和小型滑车便可施工。

综合考虑现场以上施工具体情况和支架结构形式后，采用了门式满堂支架单排分段横移施工技术。

三、人员及材料设备配备

（一）人员

现场技术员1人，负责支架拆分、横移、再组合技术指导；安全员1人，负责支架拆分、横移、再组合作业期间的安全监控；架子工6人，负责支架拆分、横移、再组合具体操作。

（二）材料设备（见下表）

四、支架横移施工步骤

（一）支架纵向连接体系拆除

依次拆除支架水平剪刀撑、纵向剪刀撑、扫地杆，并按照支架横移顺序拆除纵向加固杆，尽量松开一排，

横移一排，而未横移的支架结构仍然通过纵向加固杆连成整体，确保支架的安全稳定性（图3）。

图3 支架纵横体系拆除

（二）缆风绳设置

安排2名工人，将单排支架两端采用缆风绳固定，防止支架在顶升和横移过程中倾倒（图4）。

图4 设置缆风绳

（三）小车的制备和安装

支架下的滑动小车用直径25mm的钢筋下脚料焊制而成，车框长70cm，宽80cm，底部焊接固定4个直径10cm的滑动小轮。横移滑动小车安装在支架下部，以1/4长度间隔位置（图5）。

图5 横移小车放置在需横移的支架下

材料设备表

序号	材料备名称	单位	数量	作用
1	千斤顶	个	2	提升支架
2	横移小车	个	3	横移活动装置
3	缆风绳	根	2	横移安全牵引
4	方木	根	4	顶升高度调整
5	小叉车	台	1	支架调整
6	铁丝		若干	绑扎底托

（四）支架顶升：用千斤顶将准备安装横移小车的支架顶升（图6）。

图6 支架顶升

（五）方木安装：用方木放置在横移小车和支架结合部，以利稳定（图7）。

图7 方木安装

（六）提升底托并绑扎，体系转换

将所有底托提升并采用铁丝绑扎，使底托悬空，整排支架由两（三）辆小车承载，完成转换（图8）。

图8 提升底托并绑扎

（七）支架横移

支架脱空后，先进行单排支架连接及小车、缆风绳检查，然后开始横移工作。

整个横移过程，存在一定的安全风险，这时需要6名架子工人通力合作，各司其职；关键是要保证支架横移过程中保持平稳均衡，防止倾覆，严防外力撞击。1名工人（班组长）整体指挥支架横移；2名工人负责支架顶部横向缆风绳牵引，防止支架倾覆；3名工人负责支架

横移推进，其中最前面1名工人负责支架横移时的导向、定位（图9）。

图9 支架横移

（八）支架平面位置微调及竖直度调整

支架横移基本就位后，相对于桥梁纵轴线方向偏移较大时，人工比较难调整，这时可采用小叉车对支架平面位置进行微调（横移小车如安装万向轮，一般不需要小叉车微调）；用垂球调整单排横移后支架底托，确保支架横移后主杆竖直度满足施工规范要求。单排支架横移一个作业循环结束，整体支架的横移按以上作业循环操作即可逐步完成满堂支架的横移。

配备叉车主要是为了支架搭设作业中转运支架零部件使用，比其他运输工具灵活，功效高，并可协助支架横移后平面位置局部微调。

五、适用范围

场地较平整，桥梁左右幅地基标高高差较小，以不超过20cm为宜；支架高度不超过15m为宜。如场地条件满足单排支架横移转向调整，也可应用于满堂支架的逐跨拼移。

六、工程应用实例

以新桥枢纽分离式主桥跨度30m，高12m，宽12.5m桥梁为例，1跨门式

支架共有5层、15排、20列。搭设完成一跨单幅门式满堂支架至少需要10个人，工作4天，需40个工时才可完成。

施工另外一幅支架时，需先将支架拆除，要一天半时间，然后再搭设，最后再调整支架垂直度问题，需要半天时间，一共需要6天，即60个工时才可完成；支架拆除时安全风险较高，操作不当又容易造成人员高处坠落或物体打击伤害，也容易损坏支架构件。

而采用支架横移工法后，先拆除纵向连接，只需半天，横移一排支架，从开始准备到最后完成只需要1个小时，横移整跨支架只需15个小时。同时，支架横移，较大地避免了支架搭设后出现的不垂直、不平顺现象。这样再加上所有支架横移完成后的纵向连接、扫地杆和剪刀撑设置工作，重新搭设一跨支架共需3天时间。消除了支架拆除高处坠落、物体打击风险，减少了材料损耗。

采用门式满堂支架分段横移施工技术重新搭设一跨支架相比以往常规搭设方法，节省了3天的时间，且人工节省了4人，即仅用18个工时，比原施工工艺拆除后重新搭设满堂支架节约工时70%。这样既节省了工期、人工、措施费，同时也改变了以往支架拆除现场较乱、零配件损耗严重的现象，降低了满堂支架再次搭设的安全风险，节省了施工投资。

综上所述，采用门式满堂支架分段横移施工技术有较高的推广价值。

参考文献

[1] JTG/T F50-2011 公路桥涵施工技术规范 [S]. 北京：人民交通出版社，2011.
[2] JGJ 128-2010 建筑施工门式钢管脚手架安全技术规范 [S]. 北京：中国建筑工业出版社，2010.

浅谈山西焦化煤场网架工程主体施工的监理工作

刘立创

山西震益工程建设监理有限公司

一、工程概况

（一）工程概况

煤场封闭采用三心圆柱面网壳，结构形式为正放四角锥螺栓球节点网壳，平面尺寸 272m×130m，网壳长度方向中部设 1m 宽伸缩缝，伸缩缝两边网壳长度分别为 140m、131m。网壳弧顶高度为 44.5m，网格尺寸 4.8m×4m，网壳厚度 4m。支承形式为内弦柱点支承。网架杆件选用高频焊管和无缝钢管（材质 Q235B、Q345B），钢球材质为 45 号钢，所有构件均进行抛丸除锈，达到 Sa2.5 等级要求，无机富锌底漆二层，环氧云铁封闭漆二层，聚氨酯面漆二层，面漆与防火涂料配套选用。

（二）施工工艺

原材采购——材料验收——杆件加工（螺栓球加工）——构件进场验收——测量放线——山墙及与山墙连接处支座安装——起步跨一/二逐层安装，与山墙相连处网架以阶梯状逐层向上安装——第一/二区网架合拢就位——第三/四区网架安装——第五/六区网架安装——检测、验收。

施工方法的确定：该网架为三心圆柱面网壳，跨度 130m，网架弧顶高度 47.3m。由于工程紧，上部钢网架安装，按流水段进行作业；煤场内堆煤较多，

且有 3 台斗轮机作业。综合考虑现场场地实际情况、工期要求，根据网架结构形式、支撑位置、网格尺寸等，结合同类工程施工经验，经过多种施工方案对比，本工程拟采用"山墙安装起步跨结合高空拼装法"的施工方法。

（三）工程难点

1. 网壳跨度 130m，上弦最高点距地面 47.5m，施工难度大。

2. 杆件及构配件种类、数量多，如何保证构件制作精度是关键。

3. 工期紧，现场安装工期只有 85 天。

4. 煤场封闭场地内堆煤数量多，3 台斗轮机工作，如何保证施工过程人员和设备安全。

5. 网架挠度控制是施工关键点。

二、质量、安全监理工作采取的措施

（一）事前控制要点

1. 认真审图，明确设计要求，编制专业工程监理实施细则。

接到工程图纸后认真看图纸，弄清楚设计意图和设计要求，同时要根据监理大纲，编制监理实施细则，明确监理工作程序、工作重点和人员安排，保证监理工作的顺利进行。

2. 严格审查施工组织设计、各类专

项方案等施工技术资料。该工程跨度超过 60m，属于危险性较大分部分项工程，施工组织设计需专家论证。因此对施工组织设计应审查以下内容：1）是否经过专家论证，专家组成是否符合相关规定，专家结论、专家建议的修改情况。2）在程序性审查方面，应重点审查施工方案的编制人、审批人是否符合有关权限规定的要求。根据相关规定，通常情况下，施工方案应由项目技术负责人组织编制，并经施工单位技术负责人审批签字后提交项目监理机构。此时应重点检查施工单位的内部审批程序是否完善，签章是否齐全，重点核对审批人是否为施工单位技术负责人。3）内容性审查方面，应重点审查施工方案是否具有针对性、指导性、可操作性。首先是现场是否建立健全相关的管理和保证体系，是否健全了质量保证体系组织机构及岗位职责，是否配备了相应的质量管理人员；是否建立了各项质量管理制度和质量管理程序；施工质量保证措施是否符合现行的规范、标准等。其次是审查施工单位对工程施工技术特点、难点的分析是否到位，采取的措施能否让项目目标实现。

（二）过程控制

1. 现场安装第一个重点工作是做好测量控制点和结构支座的复测。检查承

包商的测量成果报告，复核轴线或主控点坐标、标高，复测支座预埋件位置及标高，此时监理还必须进行平行检查，结果一致，方可继续施工。

2. 网架构件进场验收。该项目由于场地原因，所有网架杆件均在工厂制作加工，然后拉入现场。除在工厂安排驻场监理外，对所有进入现场的构件进行现场验收，并复查所有质量资料。包括构件的合格证，原材合格证及复检报告，焊接材料与涂装材料的材质证明及出厂合格证，焊缝的检测报告，涂装的隐蔽记录及影像资料，钢管与封板、锥头组成的杆件承载试验报告。

3. 样板先行，监理交底。在每道工序及每个班组进入现场开始施工前，要求施工单位除了进行常规的安全、技术交底外，每次新的班组或新工序在大规模施工前必须先做一个样板，待施工方、监理方、业主三方验收合格后方可大面积施工。在样板验收的过程中，监理方对存在的问题、整改情况会有详细的说明及要求，即该工序施工的质量标准、检查项目及标准。这样的监理交底会让作业班组对质量、安全的工作有一个很具体、明确的认识。通过监理技术交底减少了施工单位及班组人员的抵触情绪，也取得了业主的支持，后期效果不错。

4. 出现的典型问题及处理情况

1）螺栓球问题：监理人员在螺栓球进场抽查过程中，发现有个别球表面有裂纹现象。随后要求对工程使用的6958颗螺栓球进行了逐一检查。累计发现13颗球体表面有裂纹，厂家更换6颗，打磨修补7颗（裂纹深度小于5mm）。

2）杆件切割问题：本工程网架杆件采用无缝钢管，厂家定尺制作。杆件无接缝，但在安装现场由于各种原因，个别杆件尺寸不符。对于受拉杆件原则上不允许对接，由制作厂重新加工；对于受压杆件不允许超过两条焊缝，并且按照一级焊缝进行检测。本工程更换7根杆件，均进行了无损检测。

3）螺栓球焊接问题：本工程在施工过程中曾发现因为螺栓球一个孔加工角度错误，施工班组擅自把螺栓连接改为焊接。在巡视发现后，监理认为该行为性质较为恶劣，随后会同业主下发施工暂停令并进行了严厉的处罚。责令施工单位进行整改，并深刻反思。

5. 安全管理

1）审批网架安全单项方案，提出建设性意见。本工程采用"山墙起步，高空散拼"的施工方法。在起步阶段，山墙网架的稳固性至关重要。原方案中随着山墙高度的增加，先后设置3层13道缆风绳。考虑到第一层缆风绳设置在15m的高度，建议施工单位在外弦第一层球节点增加钢管支撑，保证网架施工过程中的稳固性。如下图所示，从施工后期情况来看，取得了不错的效果。

2）高空作业证、双钩的必要性。本工程所有工序基本为高空作业，所有登高人员必须持有高空作业证，并且在进场后进行体检。体检合格方可进行高空作业。在高空作业时，为保证人员在通过球节点过程中安全带仍起作用，要求其必须佩带双钩安全带。

3）气垫使用。在高空散拼网架时，考虑在下部设置安全网比较困难。项目专门采购10块气垫，每块气垫尺寸2m×2m×8m。施工时放置在高空作业下方，并安排专人负责来回移动。

4）每日班前教育，作防护措施检查。每日登高作业前，由班组长进行安全、技术交底，并检查安全措施到位情况。同时以微信的形式通报项目工作群，监理人员及业主不定期检查。

6. 借助微信，实现信息的实时沟通：工程实施后，监理部牵头先后组建了3个施工群即项目群、安全群、质量群。监理人员实时发布日常巡视过程中发现的各类问题，这样可以督促施工单位及时整改，也使得各类信息能及时地反映到各个单位的相关人员，使大家对工程的进展及质量、安全情况有一个动态的了解，促进工程持续、可靠进行，使得工程始终处在可控范围。

（三）事后监理

1. 钢结构安装及涂刷完毕后，要继续督促施工单位收集施工过程的设计和施工资料，如施工图、设计变更、竣工图，施工组织设计、所用钢材、焊丝（条）及其他材料的质量证明书和复检报告，各分项工程检验批及隐蔽验收资料，焊接质量检验资料，安装后几何尺寸偏差、支座高度偏差和挠度测量记录等审查是否齐全，以及是否符合设计和规范要求。

2. 组织子分部工程竣工验收，评估钢结构制作、安装工程质量，向业主提交质量评估报告。

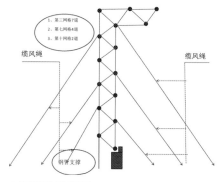

山墙起步防护示意图

试述钢结构涂装防护质量管理

陈飞龙

浙江江南工程管理股份有限公司

摘　要：本文通过对钢结构涂装防护质量管理工作的思考，依据典型案例，对引起涂装防护质量管理的不利因素进行分析，以期共同探索与完善管理措施。笔者认为建立健全建筑工程材料质量管理体系，规范管理过程中各个环节的行为，采用科学有效的管理模式是保障钢结构工程涂装防护质量的关键。

关键词：钢结构　质量管理　涂装

一、钢结构涂装防护质量管理

影响建筑工程质量的主要因素可归纳为：人、材料、机械、方法和环境。其中人是保证建筑工程质量的决定性因素，包括管理人员与一线操作人员，质量意识的提升是关键。材料作为构成钢结构实体的基本要素，是保证钢结构工程防腐质量的基础，而目前防腐材料市场较为混杂，材料的供应、采购、保管、检验、使用等过程中存在着不规范的行为，给钢结构涂装防护质量管理造成了一定的困难，所以基本要素的管控是重点。

建设单位作为投资人，希望获得高性价比的建筑产品。施工单位及供应单位作为钢结构产品直接或间接的生产者，则希望在保证钢结构产品合格的基础上利润最大化。检验单位虽然是独立的第三方，但实际与施工单位签订了检测合同，存在一定利益关系。监理单位受建设单位委托，管理过程中难免受建设单位意志的干扰。钢结构工程生产活动中，根据参建各方相互关系和不同的利益追求，为做到规范、科学的工程质量管理，应从合同源头抓起。

二、钢结构涂装防护质量管理中不利因素分析

（一）钢结构工程特点引起的不利因素

建筑工程生产活动具有各异性、流动性等特点，对建筑工程质量管理产生了不利影响，钢结构工程工厂制作、现场安装的施工特点，使其工期短、流转速度快，人员流动性大。项目机构随着钢结构工程组建，直至钢结构工程施工竣工，然后逐渐流转到其他钢结构工程。项目机构人员的变化，造成整个质量管理体系的变化，其运行过程中总有一段磨合期，不利于质量管理经验的积累，需要根据每个项目的特点，重新对钢结构涂装防护质量管理进行探索。

（二）规范不明确引起的不利因素

建筑行业规范由建设者经过多年的经验积累，根据建筑行业的发展，逐步进行修订完善，基本满足建筑生产活动的需要。在现阶段钢结构工程防腐材料质量管理活动中，仍有规范不明确的地方。

防腐涂装主要作用为减弱环境对钢结构的侵蚀损伤，现行的《钢结构工程施工规范》GB 50755-2012及《建筑钢结构防腐蚀技术规程》JGJ/T 251-2011中，要求对现场防腐涂层厚度进行检测，

对防腐涂料本身质量未作出任何复试检测要求。钢结构防腐涂装主要使用环氧富锌底漆、环氧云铁中间漆、氟碳面漆，其材料规范对其含量指标都有明确要求，环氧富锌底漆的含锌量、环氧云铁中间漆的树脂含量、氟碳面漆的含氟量，这些指标的合格与否对钢结构防腐耐用年限是否满足设计规范要求起着基础性的作用。工程项目建设单位、监理单位及施工单位应协商一致对防腐涂装使用材料的主要化学成分进行见证取样，送去检测，确保进场材料合格。

钢结构防火涂装可以防止火灾威胁结构安全，起到保护公众生命安全的作用，但规范对于防火涂料的质量控制仍有待完善。目前钢结构使用的防火涂料按厚度分为厚型、薄型及超薄型，《钢结构工程施工规范》GB 50755-2012 中对厚型及薄型防火涂料有明确的施工工艺和材料复试检测要求，薄型防火涂料需进行黏结强度复试检测，厚型防火涂料需进行黏结强度和抗压强度复试检测；规范中未提及超薄型防火涂料。一般大型重要工程项目都会使用有特殊要求的超薄型防火涂料，建设单位、监理单位及施工单位应协商一致，参照《钢结构防火涂料》GB 14907-2018 中超薄型防火涂料黏结强度指标要求，见证取样，送复试检测，检测结果合格才能使用。

（三）从业人员执行能力不足引起的不利因素

在建筑工程质量管理中，起决定性作用的是人。从业人员对于质量保证体系的执行，需要机构成员从主观上认识到质量管理对于建筑工程的重要性，人的主观思想在一定程度上是不受约束的，这给钢结构涂装防护的质量管理带来很多不确定性因素。近期杭州市根据建设

部及浙江省的要求，开展了为期两年的"建筑工程质量管理治理"行动，重申五方主体的企业法人、项目负责人实行质量管理终身负责制，其中包含材料的检测单位，在防火规范中，实行生产企业及五方主体对消防产品质量终身负责制，一定程度上可以提高各级人员的管理意识。人是工程质量管理中最重要的因素，只有意识提高、责任落实、奖罚分明，才能促进钢结构涂装防护的质量管理。

（四）工序不到位引起的不利因素

钢结构防腐涂装每道工序都关系到其耐用年限是否能够满足设计要求，各参建单位质量管理体系的建立与有效运行起着至关重要的作用，施工单位作为质量管理控制的第一责任人，更要建立健全质量管理体系。通过对施工单位工厂构件制作过程的观察发现，构件抛丸除锈后的灰尘清理工序不到位，致使部分构件在运往现场后不久便发生返锈迹象，项目监理部发现后及时发出监理通知单，要求其限期退场并重新进行除锈喷刷底漆。质量管理过程中，以提升人的质量意识为首要任务，对构件制作加强过程控制，构配件合格后方可出厂。

焊缝无损检测原本是提升钢结构质量的技术措施，却给钢结构防腐埋下了质量隐患。从事钢结构质量管理的人员应该都清楚，一、二级焊缝在进行超声波无损检测前，需要在焊缝两侧构件上涂刷化学糨糊，以提高超声波无损检测的准确性。经过长期对钢结构防腐涂装质量的观察发现，焊缝两侧的防腐涂层最易开裂起皮，除了焊接过热影响构件防腐涂层的质量外，另一个原因就是刷上去的化学糨糊。超声波检测完毕后，化学糨糊即干燥，不被人们所重视；化学糨糊会使防腐涂层涂装后附着力降

低，钢结构高空作业也会使涂刷质量有所下降，最终导致焊缝两侧的防腐涂层一般在一年后开始出现开裂起皮。工艺与工序，其执行者都是人，包括一线的操作人员及管理人员，提升质量意识及强化工序管理，有助于提升质量管理成效。

（五）行政机构认证许可不严谨引起的不利因素

行政机构作为规范编制的组织与监督主体，本应更严格地执行规范条文的要求，有些部门却在认证许可的时候不够严谨，造成现场质量管理过程中出现一些难题。在验证项目使用的诸多消防产品认证有效性时，发现一个普遍的问题，消防产品厂家提供的型式检验报告明明已经超过型式检验的有效期限，而消防产品认证中心依据型式检验报告出具的认证证书却是有效的，钢结构防火涂料存在同样的问题。这种情况使得现场监理对于材料的质量控制陷入两难。按照规范要求，其型式检验报告过期，原则上不能作为其产品的质量证明文件，不可以投入使用，而认证中心出具的认证证书有效，没有合适理由对其进行反驳，对于有异议的材料可进行复试检验，但复试检验是建立在其质量合格的基础上，其检测项目与型式检验项目相差甚远，不足以验证其产品质量是否真的合格。对于此种情况，需树立规范条文的权威性，按照材料规范要求，出现需进行型式检验的情况时，必须取得型式检验报告才能予以生产销售，认证中心更应该严格执行规范条文，出具符合要求的认证证书。

（六）检测报告查询不便引起的不利因素

建筑工程相关检测报告的查询：一

种是通过其门户网站进行查询，且查询极为不便；另一种是通过报告上的电话进行查询，与检测中心人员核对报告的内容，存在电话根本无人接听的情况。

某工程项目使用的超薄型防火涂料，其提供的型式检验报告是由国家防火材料检测中心提供的，在其门户网站上一直未能查询到型式检验报告，不能对其产品质量作出评判。之后通过电话咨询检测中心，其提供的与设计 1.5 小时耐火极限相符合的报告为委托检验，检测中心仅认可型式检验报告，对委托检验不予认可。经建设单位、设计单位、监理单位及施工单位协商，以耐火极限 2 小时型式检验报告认定的防火涂层厚度作为验收依据，费用不予以增加。这样做虽然满足了耐火极限要求，但同时也造成了不必要的材料浪费。

三、提高钢结构涂装防护质量管理的措施

（一）组织措施

提高钢结构材料质量管理水平，首先要有完善的质量管理体系，五方主体有责任建立健全组织机构，配备具有执业资格的管理人员。在钢结构材料质量管理活动中，加强对各级管理人员的质量意识教育，随时关注建筑工程相关规范的修订，及时组织管理人员对修订规范进行学习考核。定期检查组织机构各级管理人员对质量管理体系的执行情况，将执行力与经济利益挂钩，从侧面鼓励管理人员的积极性。树立质量第一的管理理念，质量终身负责制不应仅局限于法人和项目负责人，根据职能要求，明确各级管理人员的职责，约束其管理行为。政府主管部门建立建筑行业信誉系统，根据执业人员的工作情况建立信誉档案，改善建筑行业环境。

（二）经济措施

在《关于进一步加强杭州市建筑工程质量检测管理的若干意见》的文件中，为加强建筑材料质量管理，建设单位可以自行委托有资质的检测单位，措施费中的材料检验试验费由建设单位支付，并在进度款中扣除。若建筑工程材料检验试验均由建设单位委托，此部分费用将得以充分利用，避免浪费。有些建设单位虽未直接委托材料的检测单位，但在施工单位委托的检测单位认可后，重新由业主招标检测单位，对钢结构材料及焊缝等进行检测，这也是促进建筑工程材料质量管理的有效措施。

（三）技术措施

结构工程规范较多，包括施工、验收、材料、检测等，一个人很难掌握所有的规范要求，因此要善于发挥组织机构集体的力量。在日常建筑生产活动中，监理会局限于本岗位规范的应用学习，也使得钢结构涂装防护质量管理受到限制。因此，除掌握本职工作涉及的规范要求外，适当地学习拓展材料及检测规范，全面了解材料的基本性能，这样就可以在建筑生产中灵活运用，提出较为可行的建议。了解材料型式检验的要求及年限，在核查其型式检验报告时，可以判断其有效性；了解材料的检验规则，核查材料的检测报告，可以判断其是否按照规范要求进行了检验；了解规范的修订及实施时间，可判定其生产执行标准及检测依据是否为现行规范。随着钢结构行业的发展，管理人员需要不断学习，提高钢结构工程质量管理的成效。

结语

钢结构涂装防护的质量管理，涉及的单位众多，不是只某一个人或某一个单位认真管理就可以实现的，需要大家共同的努力。各方要努力减少且避免不合格的材料投入使用，使得建筑工程最大限度地满足使用和生产的需要；注重全方位、全过程、全要素质量管理，为生产合格的钢结构产品提供基本保障，建立一个良好的行业环境，推进工程建设事业的健康发展。

大坝砾石土心墙料冬季施工技术研究与实践

韩建东　　杜臣

中国水利水电建设工程咨询西北有限公司

摘　要： 两河口大坝防渗土料在冬季无覆盖条件下，出现了不同程度的负温冻结现象，冻融过程为典型的单向冻结、双向融化过程，冻结持续时间不超过一个昼夜，为典型的短时冻土；冻土对冬季施工效率及进度影响较大。为保证质量，提高效率，本文从土料开采、运输、掺拌、备存及上坝铺料碾压等环节进行土料的温度变化规律及冬季冻融对土料物理及力学性质的影响等方面的研究，以期形成一套适用两河口水电站的冬季土料施工方法。

关键词： 土石坝　防渗土料　冻融　施工方法

一、概况

两河口水电站是雅砻江中下游的控制性水库电站工程，位于四川省甘孜州雅江县境内，电站总库容为107.67亿立方米，调节库容65.6亿立方米，具有多年调节能力，电站装机容量3000MW。

两河口砾石土心墙堆石坝最大坝高295m，砾石土心墙料需用量约为441.14万立方米。

二、研究背景

两河口大坝防渗为土料防渗。大坝自2016年11月1日开始填筑以来，已经过了两个冬季。监测发现大坝防渗土料在无覆盖条件下，均出现了不同程度的负温冻结现象，冻融过程为典型的单向冻结、双向融化过程，冻结持续时间不超过一个昼夜，为典型的短时冻土；从冻结深度上来看，土料最大冻结深度19.7cm，平均冻结深度9.4cm。冻土对施工效率及进度影响较大。

三、研究方向及内容

为保证冬季施工质量，提高效率，笔者主要从土料开采、运输、掺拌、备存及上坝铺料碾压等环节进行土料的温度变化规律及冬季冻融对土料物理及力学性质的影响等方面的研究。

（一）土料开采环节

对土料场原状土不同深度的土温进行了连续监测，土料场原状土料温度监测主要结论如下：

1. 不同深度原状土料温度与气温呈规律变化。

2. 表层土料温度对气温变化最为敏感。随着土料深度的加深，土料温度受气温影响的趋势逐渐减弱，继续加深监测深度出现了恒温土层。

3. 在日循环过程中，浅层范围土料会进行吸热、放热。导致日最高温度时段表层土温高于气温，日最低温度时段表层土温与气温基本一致。

（二）保温材料的选择

针对两河口施工现场气温变化特点，选取聚乙烯PE防水布和不同组合结构的土工布对土料进行覆盖防冻观测，根据现场施工气温条件，采取昼揭夜覆的方式，取得了良好的土料防冻效果。

在空气温度下降到冻结温度以下时，坝体心墙覆盖三布两膜土工布后，相应时刻的心墙填料表层温度仍然保持较高的正值，未出现冻结现象，而相应未覆盖的对照点的表土温度为负值，出现冻结现象（图1）。

图1 三布两膜土工布覆盖

因此,对坝体心墙填料采取聚乙烯PE防水布、不同组合结构土工布覆盖的被动防冻技术,并采用昼揭夜覆的方式,可以取得良好的防冻效果。

(三)运输过程温度损失研究

对土料运输环节进行了温度监测,土料运输过程温度监测主要结论如下:

1. 运输过程中采用防雨布覆盖,其对表层及表层以下5cm范围内的土料有一定的保温效果。

2. 土料运输过程中应采用防雨布覆盖保温,可提高填筑料温度,确保筑坝料质量。

(四)土料经冻结融化后的基本物理参数

据已有研究表明,冬季土料冻融基本发生在细颗粒土中,故采取小于5mm颗粒部分进行物性研究,同时为模拟冬季土料施工可能存在的情况,分别取经受最低气温 -10℃冻融0次、1次、2次、5次、20次循环的土料,进行物理

性质对比试验(表1)。

通过对比分析发现,若砾石土料在经受最低气温 -10℃冻融循环5次以内,其自身相对密度(比重)、界限含水率、级配等参数不会发生明显的变化,具体数值差异属于试样个体差异与试验误差范围,现场土料基本参数满足坝料设计要求。

(五)碾前松铺土料经冻结融化作用后的土体工程性质

1. 渗透特性研究

1)原位渗透试验

从松铺土料原位渗透试验成果看,碾前松铺土料随着冻融循环次数的变化,未有明显变化规律。渗透成果影响应与土料自身颗粒组成、压实与含水情况,以及颗粒粒形有较大相关性,试验成果满足土料填筑技术要求。

2)原状样渗透试验

对各种组合工况下的碾后土样进行垂直和水平方向的现场浇筑制样,然后通过变水头法进行渗透试验测试。

从试验成果看,原状样渗透系数与受冻融循环次数无明显相关性,松铺土料垂直渗透系数略小于水平渗透系数,抗渗破坏坡降达到14以上,防渗与抗渗能力均能满足土料填筑技术要求。

2. 现场承载力检测

对松铺土料经冻融作用后再压实的

承载力进行检测。由1次碾前松铺受冻融循环可知:在一定 P_5 范围内,其变形模量随着压实度的增加而变大,从0~5次不同冻结融化循环次数成果分析,在 P_5 及压实度均衡条件下,其承载变形模量未呈现明显规律,且量值未有明显变化。

3. 现场大型直剪试验

现场大型直接剪切试验状态为天然固结快剪。原位直剪试验成果表明,碾前松铺土料经受冻结融化后,经碾压在一定 P_5 含量与压实范围内,1~2次冻融循环条件下抗剪强度变化不大,5次后略有轻微衰减。

4. 小结

1)渗透方面:土料在5次冻融循环后,渗透系数未发生明显的规律性变化。

2)变形方面:土料在经受冻融循环后,在常温下的变形无明显规律性变化,基本不受冻融循环次数影响,但与压实度有较大关系;在负温下的变形与温度及循环次数有一定关联,循环次数超过10次时变形量有明显增加(图2)。

3)强度方面:1~2次循环其内摩擦角基本变化不大,5次后略有轻微衰减(图3)。

4)综合分析,在冬季施工过程中,碾前松铺土料在经受1~2次冻融循环后,再按正常参数碾压,其物理力学性质无明显变化。

土料(<5mm部分)物理性成果 表1

循环次数	比重 G_s	液限 w_L	塑限 w_P	塑性指数 I_P	颗粒级配(mm)					试验地点
					5~2	2~0.5	0.5~0.075	<0.075	<0.005	
0	2.74	28.9	14.8	14.1	13.30	6.85	6.95	72.90	26.50	心墙区
1	2.73	29.0	13.3	15.7	12.60	7.10	8.05	72.25	29.80	一道班
2	2.74	28.6	14.8	13.8	11.50	5.55	7.30	75.65	26.20	一道班
5	2.73	29.0	13.3	15.7	12.80	7.20	8.05	72.25	29.50	一道班
20	2.74	28.6	14.8	13.8	13.20	6.10	7.20	72.80	25.70	一道班
1	2.74	29.5	13.5	16.0	17.25	6.70	6.35	69.70	25.30	心墙区
2	2.74	28.8	13.6	15.2	13.60	6.40	7.20	72.80	26.40	心墙区
5	2.73	28.9	14.3	14.6	10.75	5.75	8.50	75.00	28.50	心墙区

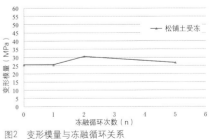

图2 变形模量与冻融循环关系

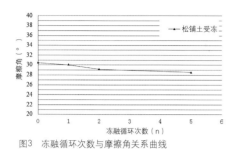

图3 冻融循环次数与摩擦角关系曲线

现场物理性检测成果　　　　表2

循环状态	P_5含量（%）	干密度（g/cm³）	含水率（%）	压实度（%）	w-wop（%）
未受冻融	38.8	2.19	8.9	99.2	1.2
1次冻融	39.2	2.20	9.1	98.2	1.4
2次冻融	39.6	2.19	8.6	99.1	0.9
5次冻融	38.2	2.20	8.4	99.6	0.6
10平+2凸	40.2	2.20	8.7	99.7	1.1
6平+4凸	40.2	2.20	8.6	99.5	0.9

（六）压实土料经冻结作用后的土体渗透特性研究

现场碾压完成后，分别制取经受1次、2次、5次冻融循环后的原状土样进行渗透试验。

从图4中可知，砾石土料未受冻融循环时，其渗透性在$1×10^{-6}$cm/s量级，但土料经受冻融循环后，其渗透特性发生了变化，其抗渗能力随着循环次数增加而衰减，土层在受2~3个冻融循环后其垂直方向渗透系数将增大到$1×10^{-5}$cm/s量级，在水平方向上则变化程度更快，1个冻融循环后其水平方向渗透系数将增大到$1×10^{-5}$cm/s量级。这主要跟受单向冻融循环后易形成水平层理有关。

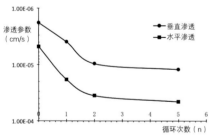

图4 砾石土渗透系数与循环次数曲线图

（七）现场碾后经冻融后再碾压土体的渗透及力学试验研究

开展大型实体碾压试验及力学渗透研究，研究压实土体经冻融后再压实的渗透及力学参数特性。

1. 现场压实度指标检测

统计现场检测级配、干密度及压实度的平均值（表2）。在各种工况条件

下，其压实特性与土料受冻融影响未有明显规律。

2. 渗透特性研究

1）原位渗透试验

对心墙砾石土料进行了原位渗透试验。

从原位渗透试验成果看，随着冻融循环次数的变化，压实土料经再碾压后未有明显规律变化。渗透成果影响因素与土料自身颗粒组成、压实与含水情况，以及颗粒粒形的相关性较大（图5）。

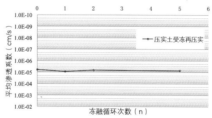

图5 渗透系数与冻融循环次数关系

2）原状样渗透试验

从试验成果看，原状样垂直渗透系数随受冻融循环次数增加稍有倍数增大，无量级变化，但水平渗透系数随着冻融循环次数增加有较大增大趋势，压实土料在经受5次冻融循环后再经上料压实，此时部分渗透系数发生量级变化。

3. 现场承载力检测

对经受1、2、5次冻融循环后再压实的土料进行了承载力试验。

在一定P_5及压实度范围条件下，随着冻融循环次数的增加，经过再压实后的土体其承载变形模量有轻微降低的趋势（图6）。

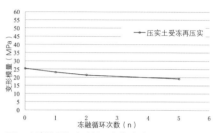

图6 变形模量与冻融循环次数关系

4. 现场大型直剪试验

对经受1、2、5次冻融循环后再压实的土料进行了现场大型直剪试验，试验状态为天然固结快剪。

原位直剪试验成果表明，在一定P_5及压实度范围条件下，随着冻融循环次数的增加，经过再压实后的土体其抗剪内摩擦角有一定降低的趋势（图7）。

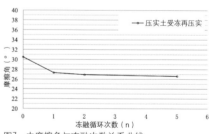

图7 内摩擦角与冻融次数关系曲线

5. 小结

1）渗透方面：压实土体在2次冻融循环后再次压实，其防渗抗渗性能虽略有降低，但还能满足设计要求，若超过5次循环，其水平向渗透系数有可能发生数量级变化乃至超出设计要求。

2）变形方面：如若能完全破坏压实土体受冻融影响产生的结构，经过再次压实后其变形受冻融影响不大，实际

施工时，受现场受施工条件的影响，可能会存在微量的冻融结构体，因而冻融循环次数对其变形模量具有轻微的影响。

3）强度方面：实际施工时，受现场受施工条件的影响，可能会存在微量的冻融结构体，因而冻融循环次数对其抗剪内摩擦角会造成一定的衰减。

4）综合分析，在冬季施工过程中，压实土体经受冻融循环后再压实，可能因施工条件影响，未能完全清除冻融结构体，即使经过刨松上料再碾压，也可能对其防渗性能以及强度等方面产生影响。

（八）阳光板保温、增温调控措施效果

由于大坝心墙在填筑过程中需要避免因冬季施工产生的土料冻融影响，经大量的相关试验，发现土料冻融程度与填筑时土料的初始温度有关，土料初始温度越高，填筑后越难发生冻融。因此提高填筑时的土料温度成为一项研究方案。

1. 阳光板增温试验

试验场地分为3块，分别为覆盖一层阳光板、覆盖两层阳光板，以及天然对比场地。每块场地面积均为12m×12m，且前期平整完毕并对表层进行了水分补充；阳光板规格为2m×6m，为3层立体中空结构。

完整的试验系统如图8～图13所示。

2. 结论

1）通过铺设阳光板，可以显著增加土体温度，并在冬季寒冷环境条件下，完全改变土体温度变化方向。

2）观测期内，阳光板下的土料表层温度约为15℃～17℃，表层土料均没有发生冻结。

3）通过对比铺设一层阳光板、两层阳光板的增温效果发现，效果基本相同，两层阳光板增温效果略好于一层阳光板。

（九）掺合场不同铺料方式措施试验

1. 铺料方式介绍

目前针对一、二类防渗土料掺和铺料方式为掺砾石50cm与掺土83cm互层铺料。冬季施工时，为尽量使土料减少受冻，采用砾石在上，黏土在下的互层模式。

2. 各铺料方式温度监测分析

备料仓砾石在上黏土在下时的浅层土体温度变化及50cm砾石下黏土表面温度变化如图14所示。50cm砾石覆盖条件下，下部黏土的温度始终位于6℃左右，无负温现象发生。

从图15中可知，50cm砾石下黏土表面温度与风速及大气温度相关性不大。

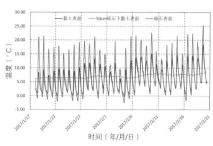
图14　一道班备料仓土温随时间变化过程

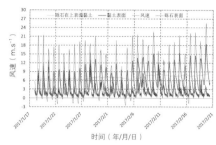
图15　一道班备料仓土风速随时间变化过程

3. 小结

掺合场在砾石在上的条件下，下部黏土温度稳定，始终维持在6℃左右，这一结果对于掺合场互层结构的安排具有重要的意义。

（十）大面积土料冻融快速综合判别

为快速识别冻土，减少冬季施工时冻土对施工质量的不良影响，快速检测大面积场地土料冻融状态显得至关重要。

1. 检测原则的确立

由于坝体心墙面积较大，采用传统方法无法达到全部检测的目的，更不容易找到整个心墙内最高温以及最低温区域，因此通过研究决定使用接触与非接触两种方法，以温度检测为主进行。检测原则如图16所示。

图8　试验场地

图9　阳光板

图10　1m内温度传感器埋设

图11　1～2m内温度传感器埋设

图12　自动气象站

图13　阳光板试验系统

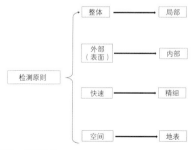
图16　检测原则

2. 仪器设备的确立

经过市场调研和自主开发，确定了以下 4 种地温检测仪器（图 17）。

Testo882（德国） Models MI-220（美国、改造）

表层温度快速检测仪 RC-4
（自主研发） （芯片美国进口、改造）

图17 所使用的仪器

3. 大面积场地是否受冻快速检测

1）全区域表面温度检测

使用 Testo882 对整个心墙场地进行观测，通过仪器界面所示颜色判断场地温度高低区域（图 18）。

图18 场地表面温度检测

2）局部区域表面温度检测

使用 Testo882 进行近距离测量，进一步缩小地表温度较低区域，直至找到场地温度相对最低的一小块区域（图 19）。

图19 局部区域表面温度检测

3）判断温度较低区域表面是否冻结

在场地温度最低区域使用 Models MI-220，精确测定该区域表面温度，判断可能的冻结情况（图 20）。

图20 判断区域表面是否冻结

4）寻找温度最低点

由于 MI-220 只能测定一个部位的平均温度，因此使用自主研发的表层温度快速检测仪对由 MI-220 测定的温度最低区域逐点测量，找出温度最低点（图 21）。

图21 寻找表面温度最低点

5）不同深度冻融判断

使用 RC-4 对测度的最低温度点进行测量，具体方法是将探针插入土体内部，静置 1 分钟，通过测得的温度判断土体内部冻结情况（图 22）。

图22 判断土体内部冻融情况

4. 结论

从结果上看大面积土料冻融快速检测体系方法及评价指标完全可以满足现场土料冻融情况检测的要求，可为现场大面积填筑面冻融土快速综合判别提供有效支撑。

结论与建议

1. 施工应采取相对快速轮倒的工法，减少已碾好一定深度的土料受冬季时效性带来的温度损失。建议冬季施工宜采取措施提高土料上坝温度，如覆盖料场小规模剥离集中开采，运输土料时对土料进行覆盖保温，同时采用快速轮倒工法等措施。

2. 压实土体经过冻融作用影响后，将会产生冻融结构体，由此带来土体工程性质的巨大变化，表现在防渗性能上出现若干数量级变化，同时强度也有极大降低并发生变形，因而冬季填筑心墙时，应严格避免出现压实土料冻结现象。

3. 碾前松铺土料在经受 1~2 次冻融循环作用（-10℃以内）后，其物理力学性质基本无明显变化，如若将此应用于心墙冬季施工填筑，应采取一定措施，在上坝前保证土料足够温度，避免再铺料对已碾密实土层的影响。

4. 压实土体经冻融影响后再压实时，可能存在残余冻融结构体，且很难被完全清除，这将会影响局部土料的防渗与力学性能，建议冬季施工时不采用此方案。

5. 覆盖半个月阳光板对土料有良好的保温保水效果，适用于成品料备料仓的保温，可以为心墙填筑提供温度保障，为心墙的快速施工奠定基础。

6. 大面积土料冻融综合判别体系可有效应用于冬季土料各施工环节中，通过对掺料场、备料场、碾前碾后土料的大面积综合识别，以及点对点的检测，可有效对冬季土料状态进行识别。

研究冰冻寒冷地区电伴热带保温技术，明确设计、监理咨询要点

张莹

北京凯盛建材工程有限公司

摘　要：本文主要在当前电伴热带保温设计体系不完善，缺乏相关标准技术图集的现状下，重点结合"一带一路"哈萨克斯坦水泥生产线建设项目的实际工作经验，对在冰冻寒冷地区地下冻层敷设工艺管线的有关使用电伴热带技术的设计、施工及监理咨询等方面展开深入研究。文中首次在工业、民用建筑绝热保温领域内提出使用电伴热带保温结构中设计热能储蓄传导层、热能二次反馈层、绝缘密封层和保温保冷绝热结构的新理念，进一步完善和推广使用电伴热带技术应用领域。此项技术荣获国家4项发明专利，解决了多年来水泥生产设备工艺管线无法应用电伴热带技术敷设介质管线的技术难题。同时也为监理行业由原有的施工过程监理过渡为全过程、全方位的咨询监理铺垫扎实的理论技术基础。

关键词：监理现状发展　转型升级　招投标

引言

目前，工业、民用中的各种介质管道在地下敷设时，普遍设置在冰冻层以下，由于该援助项目当地气候属于高寒地区，温度低至 −32℃，而且地下水位高，如果敷设在冰冻层以下，必将采用降水挖掘技术，施工成本高、工期长。传统冻层内敷设的设计方法是在介质管道敷设的同时附加设计伴随管，利用伴随管内热蒸汽或热水等介质的热量传导给工作介质管道，由此需要热能供给设施。不但建造成本高，同时也大大地增加运行成本。近年来，随着电伴热带技术的诞生，可将电能直接转换为热能传递给介质管道，并在地上架空管道中得到了广泛应用，电伴热带技术可有效控制温度，达到加热、保温、防冻的效果。但目前常规的电伴热带技术无法适用于地下敷设，尤其无法满足冰冻层内介质管道的性能要求。本文针对上述问题展开了深入研究，进一步探讨如何将电伴热带技术应用在工业、民用设备介质管道敷设在冰冻层内的相关技术难题及监理咨询师在前期项目决策方案论证阶段重点控制的内容。

一、电伴热带的工作原理

电伴热带技术具有电热转化率高、绿色节能、技术先进等特点，价值功能比合理。在施工方面安装操作简单，节省空间；在电气方面可实现安全可靠的自动控制。其工作原理是将电能 W=UIt 转变为热能 Q 的过程，再将热能通过热传导、热辐射和对流的形式传递给介质工作管道。当今使用比较成熟的是自限温电伴热带（图1）。

这种电伴热的外部呈现为扁平结构，相对于传统的圆形管状结构更能发挥热传导效应，传导热效率更高，敷设方式灵活，可以将伴热带的平面按照预定设计缠绕方式紧贴介质管道表面敷设，节省空间，且发热均匀，其内部为

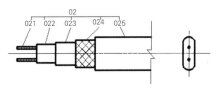

图1　电伴热带结构示意图
021金属导体；022发热体；023绝缘层；024屏蔽层；025护套层

多层结构，依次为金属导体021、发热体022、绝缘层023、屏蔽层024和护套层025。发热体内部为两根相互平行的由多根绞合镀锌铜丝组成的金属导体021，在两根金属导体之间设置有非金属高分子复合导电材料发热体022，其材质为PTC热敏电阻（电阻率随着温度升高而增大）。工作时，电流由其中的一根金属导体通过非金属高分子复合导电材料流向另一根金属导体，在电伴热带的横截面上形成无数个电流回路，导体和发热材料挤压成芯带，形成发热场。由于PTC材质特性，非金属高分子复合导电材料初始加热时，处于电流"导通"状态；随着芯带温度的升高，热能传递给介质管道，其电流导通电阻也随之增大，当达到预定温度，热能趋于平衡状态，其非金属高分子复合导电材料的电阻率升至电流的"截止"状态。电伴热带的输出功率随着升温 保温 再升温 再保温过程呈现交替动态变化，非金属高分子复合导电材料在发热同时还起到温控、电流过热的自保作用。

二、在冰冻寒冷地区使用电伴热带技术对地下介质管道进行加热、保温、防冻时，监理咨询师在方案论证阶段应重点把控的技术难点

（一）传统的伴随管设计模型理念不适用电伴热带设计的需要，新型结构的设计模型如何建立？

（二）在当今电伴热带地下敷设方式技术领域严重缺乏国家层面的相关设计标准及施工图集的现状下，如何保证设计深度到位？

（三）如何解决现有电伴热带保温结构无法高效地将自身热能传递到介质管道的难题？

（四）在地下直接敷设时，如何满足电伴热带的电气绝缘性能要求？

（五）在非寒冷季节，当保温结构中电伴热带断电后，如何保证保温材料性能不被破坏？

三、结合实施案例，解析电伴热带设计原则及监理咨询实施控制要点

针对目前电伴热带在应用敷设介质管道中存在的难点，依据哈萨克斯坦水泥生产线建设项目的实际工作经验，介绍将电伴热带技术应用在冰冻寒冷地区冰冻层内敷设水泥生产设备介质管道的设计、施工方法，进而明确监理实施控制要点。该敷设介质管道及管廊中的加热保温措施设计为多层结构，从内到外依次设置加热结构、热能储蓄传导层、热能二次反馈层、绝缘密封层和保温保冷绝热结构，多层结构之间设计为同层错缝、层间压缝的施工方法，保温层采用镶嵌的敷设方式。设计热能储蓄传导层，解决了电伴热带热量集中、寿命短、热能效率低的技术难题，该层起到了将热能充分释放、收集、存储的作用。采用热能二次反馈层技术能够大幅度提高电伴热带的热能利用率，进一步将无功热能转变为有功热能，降低能耗。绝缘密封层实现了电伴热带在地下敷设时，按照预定方式缠绕下的电气绝缘和密封问题。保温保冷结构降低了地下管廊在非寒冷季节电伴热带断电后保温材料的反向吸水率。

（一）建立敷设介质管道加热保温绝热结构的设计模型

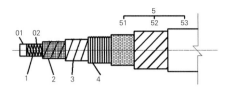

图2 敷设介质管道结构设计模型示意图
01介质管道；02电伴热带；1加热结构；2热能储蓄传导层；3热能二次反馈层；4绝缘密封层；5保温保冷绝热结构；51功能层；52防潮层；53保护层

图2是采用电伴热带主动加热保温绝热技术，以抗冻防潮的目的敷设介质管道，并能够设置于冰冻、寒冷、潮湿地区冰冻层内的加热、保温、绝热的整体结构设计模型示意图。在工程实施中，介质管道上的保温技术措施为多层结构，从内到外依次设置加热结构（1）、热能储蓄传导层（2）、热能二次反馈层（3）、绝缘密封层（4）和保温保冷绝热结构（5）。其中加热结构包括工作介质管道（01）和布置在介质管道上的电伴热带（02）；保温保冷结构包括功能层（51）、防潮层（52）和保护层（53）。

（二）介质管道的加热方式及缠绕方法

敷设地下设备介质管道的加热方式采用自限温电伴热带主动加热方式，利用电伴热带发出的热量补偿介质管道在传输过程中所散失的热量，以维持介质管道温度在一定的范围内，达到保温和防冻的目的。单位长度的介质管道上敷设的电伴热带的设计长度由电伴热带的发热功率、周围环境条件及介质管道自身性能（例如不同地区地下土壤温度存在较大差异，不同材质及管壁厚度的传输介质管道，以及不同的传输介质都将影响电伴热带的发热功率和电伴热带的缠绕方式）决定。设计时应参照地勘、水文资料，确定相关参数及施工工艺，采取贴敷的缠绕方式将电伴热带设置在介质管道上（图3）。

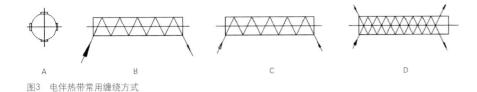

图3 电伴热带常用缠绕方式

常用缠绕方式可以是以下几种：

1. 多根电伴热带以平行方式敷设，均匀设置在介质管道的外壁上，这种方式适用于长距离、大管径介质管道，或者材质比较硬的电伴热带，确保均匀散热（图3-A）。

2. 单根电伴热带单向螺旋缠绕在介质管道上（图3-B）。

3. 单根电伴热带对向螺旋缠绕在介质管道上，即先固定电伴热带的两端，将电伴热带中间段（留有预定的长度）以螺旋方式缠绕在介质管道上，最后将中间的端部固定（图3-C）。

4. 双根电伴热带同向交叉螺旋缠绕在介质管道上（图3-D）。

（三）热能储蓄传导层

常规的电伴热带通常置于介质管道和保温层之间，未设计热能储蓄传导层，保温绝热材质热传导系数很低，电伴热带与介质管道贴敷接触面以热传导方式将热能传递给介质管道，电伴热带的背面与保温层接触面及周边形成热能并在保温绝热层聚集，其热能不能有效传递给介质管道，造成无功热能（几乎占据电伴热带发热量的50%以上），同时该接触面上的热量局部集中，使得电伴热带的局部温度过高，缩短使用寿命。为了解决上述问题，本设计添加了热能储蓄传导层，用于收集、储蓄电伴热带未与介质管道接触的面及周边的无功热量，将无功热能吸收、存储，转变形成有功热能，再以热传导的方式将热能首次反馈至介质管道，提高电伴热带的热能传导效率，产生的热量均匀释放，能提高热能有效利用率50%以上。热能储蓄传导层可以采用具有较高热传导性能和较好储热性能的金属丝网制成，敷设包裹电伴热带和介质管道上，形成多孔絮状层，使得介质及管道维持在冰点以上温度范围内。

（四）热能二次反馈层

热能二次反馈层为覆盖在热能储蓄传导层外周的一层金属薄带（热能反馈片），其作用是将电伴热带及热能储蓄传导层均匀包裹并固定在介质管道上，更重要的是金属薄带将热能储蓄传导层释放的热量以热辐射的方式再次反馈给介质管道，在热能储蓄传导层和热能二次反馈层的共同作用下，将电伴热带散发的热量几乎全部作用于介质管道，极大地提高了热能二次传导效率，减少了无功能耗。热能二次反馈层应在热能储蓄传导层合理敷设固定后进行，可根据介质管道的规格、应用场合以及热能储蓄传导层的网片材质进行设计，可使用铝箔片、抛光不锈钢片、电镀板片中的一种，卷板加工制成热能二次反馈片。考虑到成本，优先选用电镀板制成热能二次反馈片，应保证热能二次反馈片和与其接触的部位材料不发生电化学反应。

（五）绝缘密封层

由于电伴热带在未穿管保护下，难以保证其防水性和绝缘性要求，若将电伴热带进行穿管保护，虽然满足了电伴热带的电气绝缘要求，但同时也造成了以下问题：

1. 保护导管不能跟随电伴热带按照预定方式缠绕，仅能与介质管道相平行明敷设。

2. 由于保护导管与电伴热之间存在相隔空间，电伴热带只能以热辐射的形式传递给保护导管，再以热传导的形式传递给介质管道，经过两次的热能转换，最终使得热能量无法满足介质管道加热、保温和防冻要求，尤其是埋设大型设备的介质管道。

3. 本工程设计了电伴热带的绝缘密封层，其为包裹在热能二次反馈层外周的带状结构，例如使用绝缘密封带，进一步加强了电伴热带本身的一次绝缘效果，起到了电伴热带穿管保护的作用，该绝缘密封带应由耐高温的高强度硅橡胶绝缘自黏带制成。

（六）保温保冷绝热结构

为了阻止电伴热带产生的热量散发到外界，需设有保温层。对于埋设于地下管廊（尤其是寒冷潮湿地区冰冻层内）用于以防冻的介质管道，传统的保温材料及保温结构需要电伴热带全年处于工作状态；由于外部未设防潮结构，若在非寒冷季节不使用电伴热带，管道内介质温度低于周围环境温度，保温层外表面产生结露水渗入保温层内，使保温材料受潮松散，失去原有保温层的效果。在同时设计具有双重功效的保温绝热材料时需要考虑以下几点：

1. 在满足工艺要求的前提下，应优先选用技术先进的绝热材料，要求同时具有保温、保冷双重作用，其内部结构宜为闭孔型，性能参数宜为吸水、吸潮率低，耐低温性能好。安全方面应具有阻燃性，氧指数不应小于30%；在经济方面，优先选用标准系列的制品。

2.确需采用导热系数小、密度小，能在低温下使用的保温材料时，应采取相应的技术措施，以免在非寒冷季节未使用电伴热带加热时，保温层因吸水、吸潮而失效破坏。

本工程在设计和施工时采用在绝缘密封层的外周敷设兼具防冻和保温双重功效的保温保冷绝热结构，并采取相应的技术措施，可将原有全年使用电伴热加热方式改为仅在寒冷季节加热方式，从而大大降低了电伴热带能耗。保温保冷绝热结构为多层复合结构，从内到外依次设置功能层、防潮层和保护层，在保证双重效果的前提下，兼顾考虑停用电伴热带工作状态下的保冷效果。当处于保冷工作状态下，设计了防潮层，选用了具有良好抵抗蒸汽渗透性能的材质，充分发挥阻隔作用，避免结露水渗入保温层，同时采用了冗余技术设计原则，进一步加强保障保温保冷绝热结构的整体强度。为使防潮层不受自重或偶然外力作用造成的破坏，在防潮层的外部需设计保护层，本工程选用具有一定机械强度、抗老化、耐候性能高的不锈钢薄板，其性能同时具备了防水、防潮、防腐、防火性能，从而达到预期整体效果。

通过以上实施案例证明，按照以上技术要点进行设计，在施工过程中执行《工业设备及管道绝热工程施工质量验收标准》GB/T 50185-2019是能够满足在冰冻寒冷地区使用电伴热带对敷设在地下的各种介质管道进行加热、保温，并实现在非寒冷季节断电功能。

结语

目前电伴热技术在工业、民用建筑领域的地上架空敷设管线中得到了广泛应用，但其热能转换效率还有待进一步提高，在冰冻寒冷地区的敷设设备管道也有待进一步研究完善，加快取代使用传统的热伴随管工艺做法，同时也应将热能储蓄传导层、热能二次反馈层、保温保冷绝热结构技术推广到地上架空使用电伴热带技术的介质管道敷设领域中，提高热能转换率，降低电伴热带的能源消耗。将监理原有只对施工过程中照搬验收规范升级为参与前期设计咨询，掌握先进的工艺技术；对专业技术知识不但要知其然，还要知其所以然。只有对前期设计方案做好指导工作，才能真正地把握住建筑工程的整体质量，同时进一步推动发展中国节能减排、绿色节能环保建筑的发展。

参考文献

[1] GB/T 19835-2015 自限温电伴热带 [s]. 北京：中国标准出版社，2016.
[2] GB 50264-2013 工业设备及管道绝热工程设计规范 [s]. 北京：中国计划出版社，2013.
[3] GB/T 50185-2019 工业设备及管道绝热工程施工质量验收标准 [s]. 北京：中国计划出版社，2019.
[4] GB/T 8175-2008 设备及管道绝热设计导则 [s]. 北京：中国标准出版社，2009.
[5] 16S401 管道和设备保温、防结露及电伴热 [s]. 北京：中国计划出版社，2016.

浅谈监理行业的现状及发展方向

王舒平

山西协诚建设工程项目管理有限公司

在笔者未从事监理工作之前，和大多数人眼中对监理的认知是一样的：工程监理有实权，也比较权威。当笔者真正从事了这份工作，才发现实际与认知是存在偏差的，且目前监理行业的施行办法根本达不到行业规范的要求。这是因为监理行业不管是自身因素还是外界环境都存在一定问题，这些问题严重阻碍了行业的发展。下面笔者根据工作经验，浅谈监理行业目前存在的问题，及对未来监理行业发展的建议和期望，如有不妥之处，还请大家指正。

内部问题一：监理团队自身技术水平参差不齐

本来组建监理团队对各职能职务都有严格要求，都要有相关专业的工作经验并经过专业监理培训才可上岗，但在实际执行过程中，一个项目真正有技术、懂管理的寥寥无几，监理从业者有些是之前的瓦匠工，或是学历不高，但长时间接触建筑施工的人；抑或是退休返聘人员，这些人组成了监理队伍。由于这些人并未受过系统的土木工程理论知识和工程项目管理方法的教育或培训，尽管长时间与一线施工接触，但个别做法是蛮干，违反土木工程理论，甚至是违法的。所以这样一支监理队伍自然无法保质保量地完成监理与服务工作。

内部问题二：人证不合一，一个总监任职多个项目

实际项目上真正持有《中华人民共和国注册监理工程师注册执业证书》的监理从业者数量偏少，无法满足现阶段工程项目数量的需要。这也造成了部分项目存在总监"挂证"的情况，真正担责任、有相关培训经验的总监对项目情况却不知情，更何谈管理；又或者总监理工程师同时兼任超过3个以上的工程项目，其精力和时间毕竟是有限的，自然造成了项目监理力度削减，管理水平下降，顾此失彼，最终无法保证监理工作的质量。

内部问题三：监理人员待遇不高，但责任重大

与建筑同行业相比，监理人员工资收入普遍不高，基本没什么竞争优势。当今社会压力大，结婚生子、买车买房都是年轻人面临的生存问题。现在全国上下抓安全，出了安全事故找监理，质量事故也找监理，未仔细审图造成返工等情况还是找监理，监理责任之大与其收入之低，明显不相匹配，一定程度上影响了监理人员的工作情绪，甚至导致大量的年轻监理人员流失，阻碍了监理行业的可持续发展。

以上阐述了监理单位内部存在的比较明显的几点问题，除此之外，笔者认为还有以下几点外部问题值得大家关注：

外部问题一：建设、施工单位行为不规范，导致监理业务难以有效开展

先看建设单位，大多数建设单位视监理为下属员工，监理得不到合同双方应有的尊重，建设单位任意驻地代表都可以对监理发号施令，甚至超监理工作范围的事项，也规定由监理完成。对于质量、进度、造价方面的控制权，建设单位更是一向独揽。在监理工作中，监理人员常常无法按照自己的意愿独立开展工作，迫于建设单位各方面的压力，往往还是选择妥协。当然，如果涉及重大事件问题，监理单位也还是会坚持主见，不畏强权。再说施工单位，现在的施工单位仗着可以操控施工进度，连建设单位的指令都不好好执行，更何况控制权较弱的监理指令。施工单位材料报验、施工报验滞后，自检不规范、不到位，往往迫于建设单位对施工进度的要求，监理单位大多数情况下选择满足进度需要，无法严格监理施工流程，从而降低了对工程质量的监管力度。如果遇到建设、施工单位关系较好，监理工作更是难以有效开展，一个提要求，一个不执行，夹缝中生存的监理单位想要严格监理谈何容易，这种情况下的工程质量如何得以保证。

外部问题二：政府及相关部门对建筑市场的监管不到位

笔者认为，现阶段监理合同在签订及执行过程中仍存在不少问题。比如，迫于监理同行业不正当竞争，招投标中业主竭力压价，造成监理单位收益降低，待遇下降，人才流失，团队整体素质不高，业务水平、工作能力不能满足监理工作需要；合同执行过程中，缺乏政府监管的力量，监理单位经常处于被动的不利地位，无法维护自身利益，严重打击监理人员的工作积极性；行业推行全过程服务，然而在实际执行过程中，监理只在施工过程中参与，其他勘察、设计阶段的监理服务大多只是走个流程，形同虚设，一定程度上削弱了监理对工程整体的把控。这些靠监理自身无法化解的问题阻碍着监理行业的发展，亟待政府部门的监管、协调。

现阶段的监理行业既有内部体制不健全、不规范的问题，也有外部机制上需要探讨、完善的方面。解决和克服这些问题，需要企业自身努力，自觉遵守行业准则，也需要主管部门的协调、管理。笔者试着提出以下几点建议，希望监理行业得以健康、持续发展。

首先，笔者认为作为监理从业者，应该从自身开始改变，俗话说"打铁还需自身硬"，要努力提高自身职业素质：

1. 应当具备责任意识。监理工作能否到位，质量控制是否有效，主要取决于现场监理人员的责任心。一个人水平再高、业务再精，但做起事情敷衍了事，没有责任心，是什么工作都不可能做好、做到位的，还不如一个水平一般、业务平平，但工作责任心较强的人做得

好。只有责任心强的人，才会有质量意识、服务意识，才能不断提高自己的业务素质，主动监理，敢于管理，真正做到严格监理，热情服务。因此，有无责任意识是能否做好监理工作的根本，一名称职的监理人员，必须具有高度的责任感。

2. 具备廉洁意识。监理工作的性质决定了监理人员必然会时时受到侵蚀，从某种角度上讲，监理人员的廉洁自律比其业务素质更为重要。常言道"吃人家的嘴短，拿人家的手软"，如果监理人员在廉洁上有问题，就会该讲的讲不出口，该硬的硬不起来，该返工的下不了决心，不该签认的反而去签认了，被人家牵着鼻子走，那质量控制势必软弱。一旦控制不了，或难以控制，质量必然出问题，甚至导致质量事故。无数事实证明，质量事故的背后，往往存在着监理腐败。因此，全体监理人员要切实增强廉洁自律意识，把握好尺度，不该吃的不吃，不该拿的不拿，做到"常在河边走，保证不湿鞋"。

3. 具备超前意识。做好预先控制和全过程的动态控制，监理人员应该把足够的精力放在超前工作上。目前，一个项目的建设往往涉及工程的方方面面，组织实施协作的工作十分繁重，如高层房屋建筑工程、重大机电设备制造安装工程等建设。如果缺乏事先的科学分析、提前的组织准备、周密的统筹规划，是难以完成监理任务的。因此要求监理人员在工程展开之前就要拿出深思熟虑的办法与对策，预先防范、预而有序；监理人员必须充分熟悉设计图纸、技术规范，了解施工现场实际情况，认真分析，发挥网络优势，运用成熟经验，对于可能出现的困难和问题设想得多一点，多

拟几套方案，无论遇到什么情况，都能沉着应对，妥善解决。在整个监理过程中，以动态思维不断进行质量、工期、投资的动态分析，使工程建设的质量、进度、费用始终处于监理工程师的控制之下。

其次，笔者认为监理公司制度及规章应该有所改善：

1. 注重技能培训，制定考核标准。监理行业本来是依托过硬的专业技能来开展工作，但近几年各监理公司如雨后春笋般遍地开花，行业迅速发展，人员配置含金量有所下降，这就需要监理公司加强各岗位人员的技术培训，增设考核标准，优胜劣汰，做到招之即来，来之能战，战则必胜。

2. 设立合适的晋升台阶，留住有志之士。监理作为传统行业，需要更具有多年实干技能、社会经验的人才。作为处在房贷、车贷、婚礼三大压力之下的年轻人来说，可能不会甘心熬经验，或者说更希望找回报多见效快的新型行业。他们觉得监理行业短期内看不到希望，只有老一辈技术人员退休后才可能轮到自己发光发热。因此，监理公司应该设立合适的晋升台阶，让年轻人看到希望，给监理行业注入新鲜血液，让监理行业后继有人。

3. 规范监理公司经营模式，树行业标杆形象。在平时工作中，总会听到有施工单位抱怨，别的监理公司如何工作，没有这么多流程。由此可见，不同监理公司工作流程各不相同，或者说执行力度参差不齐。这就需要公司严格按照监理相关法律法规制定制度，项目管理上严格按公司制度执行，从自身开始规范行业行为，以自己影响他人。行业规范了，监理费用自然也会有所保障，一系列好

的连锁反应将惠及整个监理行业。

4. 按时发放工资、福利。监理人员工资待遇在建筑行业来看普遍偏低，大的社会背景下，按时发放工资、福利就显得尤为重要，这样既有利于调动员工们工作的积极性，又有利于增强团队战斗力。

最后，笔者认为监理行业的健康发展离不开政府部门的监管：

1. 加快完善工程招投标制度进程。简化招标、投标程序，尽快实现招投标交易全过程电子化，一定程度上可以减少阴阳合同、低价中标等不良现象。保障了监理公司的利益，监理行业才有精力去不断改革、创新。

2. 积极推进建筑用工制度改革。尽量减少推行建筑施工劳务资质政策，大力扶持以作业为主的专业企业发展。促进建筑业农民工向技术工人转型，着力稳定和扩大农民工就业创业；提高工人的薪资待遇、社会评价度，吸引更多年轻人加入建筑行业。工人整体素质的提升将有利于监理对现场的管理，管理规范化一方面有利于重树监理形象，另一方面有利于监理全身心地投入工作，开展全过程服务。

3. 设立合适的第三方资金托管平台。在这里笔者只探讨监理和建设单位之间，如果有第三方资金托管平台，可以考虑把监理服务费进行托管。这样监理可以一定程度上摆脱建设单位对其的经济束缚，对于不合理的要求，监理也可以坚持己见，真正体现监理的独立性。

谈了这么多监理行业的问题，到底监理行业会继续发展下去还是退出历史的舞台呢？笔者认为，监理行业会继续存在，正因为监理行业现在暴露出很多问题，监理行业在自身及外界因素影响下，会不断提高行业能力及地位，最后发展成监理人希望、社会认可的样子，那时的监理笔者觉得会发展得更好。

从国家层面讲，要求监理的从业者必须具有过硬的理论知识，以及实践经验和相关的工程安全知识，即高素质监理，确保工程质量和安全；要求监理从业者必须增强法律意识，做到依据法律法规、建设标准等履行监理职责和约束自身行为，提高监理水平，规范监理行为。

从业主层面讲，希望监理能够为业主提供一流的监理服务，起到决策、筹谋的作用。例如，选择最优的设计方案、施工方案、合同模式，参与选择最优的设计单位、招标代理机构等；希望监理企业做到对业主忠诚和尽职，令业主省心。例如：提供建设项目专题研究服务，编制和评估项目建议书或者可行性研究报告，提供项目全过程质量的监察与安全管理服务，甚至参与招标文件的编制和组织评标，协助合同的签订等。

从监理企业自身讲，如果能做到以上两个层面的要求，监理企业自身价值将逐步提升，行业收益增加，员工幸福指数上升，这样既有利于增强团队的凝聚力，又能够吸引高素质的技术和管理人才，实行强强联合，做大做强，从而扩大监理企业生存和发展空间，推动中国监理企业科学、健康、和谐、持续发展。

综上所述，监理行业未来发展方向可以说是对项目进行全过程监管，监理企业为业主提供高素质服务，监理从业者的自身能力将趋向于样样精通即成为综合型人才。整个行业将逐渐步入有序化、规范化的健康发展时期，最终走向成熟期。

参考文献

[1] 中国建设监理协会. 监理征程 [M]. 北京：中国建筑工业出版社，2008.

[2] 丛培经，黄友邦. 工程建设目标控制与监理 [M]. 北京：北京科学技术出版社，1992.

关于全过程工程咨询取费的探讨

刘建叶　刘丽军　尹慧灵　李光跃　张玮琦

河北中原工程项目管理有限公司

摘　要：全过程工程咨询在进行优质服务的同时应有与之相对应的服务费用，其取费标准应体现"优质优价"的原则，才能有利于提高建设项目全过程工程咨询服务的质量水平。然而，目前国内现行的取费模式与标准与国家倡导的市场化、国际化相悖，受到传统计划经济的条条框框制约，取费模式和取费标准有待完善。本文针对全过程工程咨询取费存在的问题进行剖析，对取费标准进行了探讨。就全过程工程咨询推进过程中，如何确定合理的收费标准，保证市场公平竞争，提供优质优价的服务提出了建议。

关键词：全过程工程咨询　取费　问题　建议

本文就国际咨询的取费模式、标准和国内取费模式、标准进行了对比，就国内全过程咨询取费模式进行了粗浅的分析，对全过程工程咨询取费存在的问题进行了探讨，以及对全过程工程咨询推进过程中，如何确定合理的收费标准，保证市场公平竞争，提供优质优价的服务提出了建议。不妥之处请指正。

一、国际全过程工程咨询的取费模式与标准

（一）国际全过程工程咨询取费模式

国际上工程咨询业起步很早，发展到现在也已经很成熟了。目前国际上工程咨询取费主要有两种模式：一是固定费用模式，二是成本＋酬金模式。

（二）国际工程咨询取费标准

国际咨询业取费水平逐年提高的趋势已持续数年，工程咨询人员的待遇不断提高。如美、英等国工程咨询师的月薪达1万～2.5万美元，日本、印度、韩国工程咨询师的月薪也为0.2万～1万美元，而中国的咨询业年薪为6万～10万元人民币，中国工程咨询师的年薪不足美、英两国工程咨询师的月薪。

二、国内全过程工程咨询的取费模式与取费标准

（一）试点省市全过程工程咨询的取费模式与标准的实施情况

目前全过程工程咨询在中国还处于起步阶段。2017—2018年各试点省市相继发布了全过程工程咨询试点工作方案，对全过程工程咨询收费问题进行了积极探索。下面就部分省市全过程工程咨询试点方案收费模式进行梳理。各试点省市的试点工作方案虽提出了计费模式，却未提供详细的全过程工程咨询收费标准。

（二）目前执行的"1+N"叠加取费模式和标准

2019年通过试点经验的总结，广东省的《建设项目全过程工程咨询服务指引（咨询企业版）（征求意见稿）》（粤建市商〔2018〕26号）和《陕西省全过程工程咨询服务导则（试行）》（陕建发〔2019〕1007号）文件中建议全过程工程咨询服务计费采取"1+N"叠加计费模式，具体方法：

"1"是指"全过程工程项目管理

全过程工程咨询试点省份取费模式表

序号	试点省份	取费模式					统筹费
		叠加式	人工计时单价	基本酬金+奖励	可奖励	费率或总价	
1	浙江省	✓		✓	✓		
2	四川省	✓	✓		✓		
3	广东省	✓				✓	
4	福建省	✓		✓			
5	江苏省	✓		✓			
6	湖南省	✓				✓	
7	广西壮族自治区	✓	✓				
8	宁夏回族自治区	✓		✓		✓	✓
9	吉林省	✓		✓	✓		
10	河南省	✓	✓				
11	陕西省	✓					

全过程工程项目管理费参考费率表

工程总概算（单位：万元）	费率（%）	算例	
			全过程工程项目管理费
10000以下	3	10000	10000×3%=300
10001~50000	2	50000	300+（50000-10000）×2%=1100
50001~100000	1.6	100000	1100+（100000-50000）×1.6%=1900
100000以上	1	200000	1900+（200000-100000）×1%=2900

费"，"N"是指项目全过程中各专业的咨询项目。

综合国家试点省市的试行经验，2019年国家发改委、住房城乡建设部联合发布《关于推进全过程工程咨询服务发展的指导意见》（发改投资规〔2019〕515号），其中第五条第二款明确指出：全过程工程咨询服务酬金可在项目投资中列出，也可根据所包含的具体服务事项，通过项目投资中列支的投资咨询、招标代理、勘察、设计、监理、造价、项目管理等费用进行支付。全过程工程咨询服务酬金可按各专项服务酬金叠加后再增加相应统筹管理费用计取，也可按照人工成本加酬金方式计取。鼓励投资者或建设单位根据咨询服务节约的投资额对咨询单位给予奖励。

三、目前国内全过程工程咨询取费模式与标准存在的主要问题

（一）传统的取费模式和标准不适应全过程工程咨询的开展

515号文中指出的取费模式相对合理，但项目管理费、统筹管理费的取费标准缺少相关政策文件的指引，在某种程度上影响了全过程工程咨询取费的可操作性。且全过程工程咨询并不是现有碎片化模式咨询服务的拼接式打包，而是咨询服务产品的全面升级。全过程工程咨询的一大特点就是资源高度整合集中，信息复杂，因此管理难度高，造成人才需求和成本过高现象。全过程工程咨询进行高质量的服务应有与之相对应的服务费

用，全过程工程咨询服务取费标准应体现"优质优价"的原则，才能有利于提高建设项目全过程工程咨询服务的质量水平。然而目前国内现行的取费模式与标准与国家倡导的市场化、国际化相悖，受到传统计划经济的条条框框制约，取费标准需要进行再思考和探讨。

现在的全过程工程咨询中的各专项服务取费大多参照的是2013年或更早颁发的取费标准。这几个取费文件已实行近10年的时间，人员工资水平、市场竞争程度、智能化工具的应用等都已经发生了很大变化，参照原有标准取费对于全过程工程咨询的发展非常不利，有悖于发展市场经济的初衷，也不符合国家开展全过程工程咨询与世界接轨的目的。

从目前工程咨询行业现状来看，各咨询单位的利润少之又少，很多工程咨询单位都是根据费用的多少来安排人员，这就造成管理人员数量不足或能力低下，传统管理模式和取费标准已经制约了全过程工程咨询的开展。

（二）取费标准与国际同行业相比还很低

在国际上，根据建设项目的种类、特点、服务内容的不同，各地的工程咨询取费略有差异，整体在工程总投资的1%~4%之间浮动。例如，以工程总投资为基数，美国取费占3%~4%，德国占5%（含工程设计方案），日本占2.3%~4.5%，东南亚大多数国家在1%~5%。中国现行咨询取费标准大多是以工程概算中建筑安装成本为基数，取费比率平均约占0.6%~2.5%。中国取费标准的基数和取费比率均远低于国际水平，显然非常不利于中国公司与国外同行竞争，也不利于中国建设项目咨询服务水平的提升。

（三）全过程工程咨询中项目管理取费参考标准欠妥

项目管理服务费用按建设单位管理费计取，收费标准明显偏低，不尽合理。

《建设工程项目管理试行办法》（建市〔2004〕200号）中规定："工程项目管理服务收费应当根据受托工程项目规模、范围、内容、深度和复杂程度等，由业主方与项目管理企业在委托项目管理合同中约定。工程项目管理服务收费应在工程概算中列支。"但再无其他相关政策文件对项目管理收费有明确的规定。

建设部《关于培育发展工程总承包和工程项目管理企业的指导意见》（建市〔2003〕30号）：项目管理服务是指工程项目管理企业按照合同约定，在工程项目决策阶段，为业主编制可行性研究报告，进行可行性分析和项目策划；在工程项目实施阶段，为业主提供招标代理、设计管理、采购管理、施工管理和试运行（竣工验收）等服务，代表业主对工程项目进行质量、安全、进度、费用、合同、信息等管理和控制。工程项目管理企业一般应按照合同约定承担相应的管理责任。

根据项目管理的定义，历年来项目管理取费一直参照《基本建设项目建设成本管理规定》（财建〔2016〕504号）文件中项目建设管理费执行，但二者之间存在较大不同：

1. 收费性质不同

项目建设管理费按照504号文规定是指项目建设单位从项目筹建之日至办理竣工财务决算之日发生的管理性质的支出。而项目管理收费是专业化项目管理企业的一项经营收入，项目建设管理费只能冲抵项目管理公司发生的直接费，项目管理收费不仅包含直接费，还应包括公司管理间接费、公司利润和公司收入所需缴纳的税金。

2. 收费范围不同

建设单位管理费没有考虑管理人员风险和项目风险，而专业化企业的项目管理收费则包括所有的费用支出，人员风险和项目风险均应考虑在内。

3. 收费内涵不同

《基本建设项目建设成本管理规定》（财建〔2016〕504号）文件规定：待摊投资包含项目建设管理费、代建管理费、临时设施费、监理费、招标投标费、社会中介机构审查费及其他管理性质的费用；项目管理取费应该为项目建设管理费与部分代建管理费之和，而非单独的项目建设管理费。

综合上述意见，全过程工程咨询的项目管理取费参照项目建设管理费计取明显偏低，整体影响到全资取费过低，不足以支持全过程咨询服务的正常实施。

（四）政府指导价与市场经济运行规律不适应

随着中国建筑业的逐渐成熟和市场经济的崛起，政府指导价在一定程度上约束了行业的发展，不能体现市场调节作用，也体现不出优质优价的行业导向，不利于行业的进一步发展。随着市场经济的扩大化，工程咨询行业步入了市场经济的时代。

2014年国家发展改革委颁发了《国家发展改革委关于放开部分建设项目服务收费标准有关问题的通知》（发改价格〔2014〕1573号），2015年又颁布《关于进一步放开建设项目专业服务价格的通知》（发改价格〔2015〕299号），两个文件的相继出台，完全放开了项目前期工作咨询费、工程勘察设计费、招标代理费、工程监理费、环境影响咨询费等5项费用。这两个文件的出台对把中国咨询业纳入市场经济调节中起到了积极作用，同时也为全过程工程咨询执行市场取费提供了有力的支撑。

从目前的市场运行来看，一是项目的取费参照标准时间久远，不适应现有市场环境（项目管理取费参照的"建市〔2004〕200号"文件，招标取费参照文件为"发改价格〔2011〕534号"文件，监理取费参考文件为"发改价格〔2007〕670号"文件，造价取费参考"中价协〔2013〕35号"文件）。二是招标控制价与发展市场经济相悖。这些因素对于推行全过程工程咨询来说起到掣肘作用，不利于全过程工程咨询行业持续健康发展。

（五）信息化技术手段无明确取费标准

全过程工程咨询服务的顺利实施需要智能化、平台化的技术手段，保证统筹协调管理。因此全过程工程咨询管理服务应充分利用互联网＋、云计算、物联网、BIM等信息化技术手段，可以将项目建设各环节活动信息、数据高度集成化存储，推动信息、资源在项目各参与方之间的共享，打通各环节之间壁垒，实现全过程咨询项目的价值增值。而对于应用BIM、大数据等信息化技术手段的取费，目前国家并无规范标准，各地在实施过程中自行确定一些标准，取费基准不同，取费比率也是具有较大的随意性，不利于智能化的工具在全过程工程咨询项目中的应用。

（六）取费没有体现责权利对等的原则

全过程工程咨询服务，每个单项业务按照相应规范要求都有明确的责任、义务和处罚措施，原有的碎片化管理模式，各负其责，很难从项目全生命周期考虑工程投资的效益。而采取全过程咨询模式，咨询公司介入得早，退出得晚，在整个项目决策、建设、运营过程中起着至关重要的作用，通过全过程咨询单位的努力，项目节约投资、提前工期、质量创优都有可能实现，但相对于奖励方面，往往只有在决算投资低于合同约定时才可能有小比例的奖励，甚至这点儿奖励都很难实现。全过程工程咨询单位通过优化设计方案和强化现场管理带来全寿命周期成本节约、工期提前以及获得政府质量奖项等却没有任何奖励，这样起不到应有的激励作用，不利于全过程工程咨询服务水平的提升发展。

（七）取费中未考虑人才与智力成果相对应

全过程工程咨询服务是智力密集型、技术复合型的服务，管理内容多，服务时间跨度长，协调整合难度大。服务优劣表现在企业人才素质、知识水平、技术水平的强弱上。

全过程咨询较传统咨询模式，要求参与全过程工程咨询服务的从业人员既要有强大的知识储备，业务面广，又要有丰富的实践经验，综合素质高。但是全过程工程咨询取费标准中忽视了人才的智力因素，没有体现激励原则，按照传统取费模式叠加，难以保障咨询公司配备足够的高素质人才，直接影响了项目的实施，既有悖于国家推行全咨的初衷，又不利于咨询企业的发展。

（八）投资节余奖励很难实现

各试点全过程工程咨询方案的计费方式中大多有"对咨询企业提出并落实的合理化建议，建设单位应当按照相应节省投资额或产生的经济效益的一定比例给予奖励，奖励比例在合同中约定。"

但是在现行的建设项目投资管理体制下，投资节余的奖励方式难以实现。由于建设工程本身的复杂性和现行配套措施、制度的不完善，从以往的实践来看，咨询单位能够把投资控制在概算内已属不易，基本"享受"不到节余奖励的待遇。

目前还没有明确的节余奖励制度以及详细条款来参考奖励比例，也无法支持"节省的投资额或产生的经济效益"进行量化，合同中也无法明确约定。即使投资有可能节余，但是建设资金是在项目前期业主争取而来，往往会通过各种理由把"投资方投资的用于项目建设本身的资金"用于项目建设上，节余奖励成了空头支票，失去应有的激励作用。

（九）取费标准未考虑工程职业责任保险

从事全过程工程咨询，涉及的职业责任较大，咨询单位为适应市场机制的需要，可以购买职业责任保险亦称"职业赔偿保险"。与FIDIC相比，中国监理、勘察、设计合同的规定中均未涉及工程师的职业责任保险，有关工程师赔偿责任的条款也模糊不清，使得工程职业责任保险的保障范围过小，无法补偿工程师失误带来的损失。目前，各咨询单位均未购买职业责任保险，因此，取费较低，与国际咨询公司相差更大。

四、全过程工程咨询取费模式与标准的解决方案建议

（一）全过程工程咨询取费标准有待完善

目前咨询服务的取费标准不健全不完善，很少有行业协会发布取费标准，各地一个项目一个标准，无法统一，也

就造成无序竞争，所以取费标准应该适时建立、及时调整。而且，各行各业工程建设的复杂程度不一，各种专业服务取费标准差异很大，不是一个调整系数就能解决的。政府应拨专款督促各行业建设工程协会，适时制定各行业各咨询专业的取费标准指导意见。

简单的业务收费叠加不足以表现全过程工程咨询的服务特性，建议参考现行的建设工程服务收费标准调整规定，根据企业资质、公司经验、工程难易程度形成适当的费率修正系数，确定最终的费用。

$$P = P_0 \times R_1 \times R_2 \times R_3$$

P_0：参考现行建设工程服务收费标准确定的取费；

R_1：企业资质调整系数；

R_2：公司经验调整系数；

R_3：工程难易程度调整系数。

（二）增设全过程咨询统筹管理取费指导意见

各行业中信息技术、大数据的使用在基本建设领域越来越广泛。随着信息技术的发展，在建设领域使用人工智能，大大提高了咨询效率与效果，但智能化的应用会增加购买信息设备的成本。这些都应该在咨询取费中体现。比如，BIM技术在建设项目中的使用，咨询单位要购买BIM软件以及与之适应的配套设备，投入较大，但BIM的使用深度与取费无标准；大数据的使用对优化设计方案、统筹管理具有非常明确的优势，但获取数据库，也需要投入大量的资金，这部分费用也无法从咨询费中获取。

（三）调整全过程工程咨询中关于项目管理费的取费参考依据

在现有全过程工程咨询模式下，咨

询公司投标报价时,往往根据招标文件中的拦标价进行报价,而拦标价往往是招标公司根据504号文中的项目建设管理费制定的,拦标价的制定偏低,是造成恶性循环的根源,低拦标价造成低中标价,低中标价势必造成咨询人员数量减少,服务质量下降,而人员数量和质量的下降必然造成管理效能降低,服务质量难以保障,同国家倡导的与国际化接轨相悖。要从根本上解决问题,就需要"优质优价",而前提就是对拦标价、不适用的取费标准进行调整。

(四)发挥市场机制,体现"优质优价",维护责权利对等原则

国有投资项目,政府要求进行全过程咨询,有关法律、法规明确了咨询服务工作的责任和义务但对其取费的权利却没有明确规定。基于责权利对等的原则,政府应制定与之相适应的咨询服务取费指导价。

非国有投资的项目鼓励进行全过程咨询,咨询服务取费应鼓励实行市场指导价。建设方和咨询单位是完全按照"需求和信任"关系建立起的委托咨询关系,理应由他们双方在充分考虑咨询服务市场供求和竞争状况基础上自主定价。全过程工程咨询服务取费标准应体现"优质优价"的原则,才能有利于提高建设项目工程咨询服务的质量水平。

另外,全过程工程咨询服务取费应考虑到智力成果因素,明确惩罚和奖励的条款,这样才能将责权利统一起来,有利于全过程工程咨询服务的发展。

(五)全过程咨询取费应增设咨询单位的职业保险取费

实行咨询工程师职业责任保险是一项国际惯例,在中国推行咨询工程师职业责任保险制度具有积极的意义。

咨询工程师所面临的职业风险是十分巨大的,如果因咨询工程师失误造成业主或第三方损失,工程咨询单位要承担相应的赔偿责任。以建设监理为例,《建设工程委托监理合同》规定:"监理人在责任期内,应当履行约定的义务。如果因监理人过失而造成了委托人的经济损失,应当向委托人赔偿。"然而工程咨询单位主要是为业主提供技术服务,其自身的经济实力较弱,经济赔付能力非常有限。一旦因咨询工程师的原因给业主和第三方造成重大损失,则很难保证受损失方得到应有的赔偿。例如中国现行的监理合同规定,监理单位因行为过失给业主造成损失的最高赔偿额不超过监理报酬总额,这显然对受损失方是不公平的。事实上,随着业主自我保护意识的增强,业主对由于咨询工程师责任引起的经济损失,要求全额赔偿的呼声越来越高。另一方面,即便是这有限的赔偿费,对工程咨询单位也是一个巨大的损失,信誉损失更是无法估量。

如能对全过程工程咨询实施强制保险制度,一方面可以保护合同各方的权利和经济利益,另一方面可以完善中国咨询工程师制度。与时俱进,与国际接轨,才能使全过程工程咨询服务走得更远。而实施强制保险制度的前提是全

过程咨询的取费内容中应包含这部分费用。

结语

作为国际通行规则和中国国情的有机结合,全过程工程咨询仍处于初创阶段。从已有的试点经验来看,这一新模式给工程咨询行业带来的是凝聚力和创造力,同时也激发工程咨询人才向国际化、专业化和多领域拓展。

现阶段的全过程工程咨询业务可以在政策允许的前提下尝试多种组织模式和责任制,从市场中寻求发展。作为咨询企业通过优质服务获得建设方认可,从而获得优价;作为建设单位请给予咨询单位充分信任和合理的费用,以保证咨询单位无后顾之忧;而作为政府部门,为了有效地推动全过程工程咨询市场的健康有序发展,宜尽快制定全过程工程咨询收费的相关标准及实施指南,使全过程工程咨询行业收费标准化、规范化,为建设单位和咨询单位之间架设好取费指导性文件这个桥梁。如此中国的咨询业必将大踏步发展,在世界的建筑领域发出中国的声音!

参考文献

[1] 余宏亮,李依静,肖月玲.全过程工程咨询收费标准研究及应用[J].建筑经济,2018,39(12).
[2] 傅峻.关于国内外全过程工程咨询异同的探讨[J].决策探索,2019(06).
[3] 谢春光,罗仲达,叶倩.建设项目全过程工程咨询取费模式及标准的实践与思考[J].价值工程,2019(23).
[4] 付佾修,王玉明,张咏雯.建设项目全过程工程咨询取费模式及标准存在的问题与对策探讨[J].价值工程,2019(24).

浅谈全过程咨询管理在项目建设中的应用

唐明

广东创成建设监理咨询有限公司

摘　要：全过程咨询管理的含义为建设工程全生命周期内各个阶段的管理服务过程。本文通过工程咨询管理的具体案例，从工程建设背景、咨询管理组织机构的建立，到工程建设各个阶段的管理应用，分析总结了全过程咨询管理较传统工程监理模式的优势所在。

关键词：全过程　咨询　管理　应用

为了进一步促进建筑业持续健康的发展，政府出台了一系列相应政策与引导，鼓励监理企业在立足施工阶段监理的基础上，向"上下游"拓展服务领域，提供全过程工程咨询管理服务。本文通过全过程咨询管理的具体实践，浅谈全过程咨询管理在项目建设中的应用。

前言

全过程工程咨询（管理）的含义：涉及建设工程全生命周期内的策划咨询、前期可研、工程设计、招标代理、造价咨询、工程监理、施工前期准备、施工过程管理、竣工验收及运营保修等各个阶段的管理服务之过程。

国务院办公厅在《关于促进建筑业持续健康发展的意见》（国办发〔2017〕19号）文件中明确政府投资工程应带头推行全过程工程咨询，鼓励非政府投资工程委托全过程工程咨询服务。在民用建筑项目中，充分发挥建筑师的主导作用，鼓励提供全过程工程咨询服务。

之后，住房城乡建设部发布《关于开展全过程工程咨询试点工作的通知》（建市〔2017〕101号），选择北京、上海、江苏、浙江、福建、湖南、广东、四川等8省（市）以及中国建筑设计院有限公司等40家企业开展全过程工程咨询试点，并在《关于促进工程监理行业转型升级创新发展的意见》（建市〔2017〕145号）文件中，鼓励监理企业在立足施工阶段监理的基础上，向"上下游"拓展服务领域，提供项目咨询、招标代理、造价咨询、项目管理、现场监督等多元化的"菜单式"咨询服务。对于选择具有相应工程监理资质的企业开展全过程工程咨询服务的工程，可不再另行委托监理。

本文通过珠海对澳门输电第N通道220kV电缆工程建设管理的具体实践，浅谈全过程咨询管理在项目建设中的应用。

一、项目概况

（一）建设背景

对澳门输电第N通道220kV电缆工程设计范围（珠海境内）由珠海220kV烟墩站起，穿越十字门水道（0.45km）至澳门侧登陆点第一组电缆中间接头处（不含中间接头），新建220kV三回电缆线路，全长5.751km（本期敷设二回电缆，预留一回），其中穿越马骝洲水道三回路顶管通道长1.092km（顶管通道竖井内敷设0.07km），新建三回路直埋穿管长1.292km，新建三回路非开挖铺管长 1.355km（含穿越十字门水道 0.45km），新建三回路电缆沟长 1.762km，穿越汇金湾水道三回路开挖铺管长 0.25km。

该工程由南方电网国际公司投资建设，按照南方电网与澳门能源办商定，本项目计划在 2019 年 6 月 30 日前投产，是落实《2010—2020 年南方电网向澳门输电规划》，关系澳门供电可靠性、电力需求和社会经济发展的重点工程建设项目。工程建成后，南方电网对澳输电能力将再提升 70 万千瓦，形成 8 回 220kV 线路主供和 4 回 110kV 线路备用的对澳门输电格局。对保障澳门电力供应，电网安全运行，促进粤澳两地合作以及粤港澳大湾区的建设发展均具有十分重要的意义。

（二）组建管理组织机构

针对本项目的特点，结合多年来工程管理经验，根据全过程咨询管理的范围和要求，公司组建成立了现场工程咨询管理组织机构（项目部），形成全过程工程咨询管理体系，全权代表业主在工程建设管理过程中承担的计划、组织、协调、控制、管理等职能，确保实现工程建设质量、安全、进度、投资等各方面处于全方位、全过程的在控、可控和受控状态。

1. 咨询管理项目部人员及部门岗位设置

咨询管理项目部设项目经理和项目副经理各 1 名，项目部设置三个部门，分别为：工程管理、物资合同管理及综合管理部门，总人数为 11 人。

1）工程管理部：设置土建专业（4 人）、电气专业（2 人）、安全专业（1 人）管理岗位。

2）物资合同管理部：设置物资采购质量管理（1 人）、合同造价（1 人）管理岗位。

3）综合管理部：设置综合协调（1 人）、资料档案（1 人）管理岗位。

2. 项目部组织及管理机构（见下图）

（三）咨询管理的成效

咨询管理机构（项目部）代表业主方，全面履行建设单位的职责（包括参与用地及青苗赔偿的协调），从可行性研究阶段开始就全方位地投入项目管理运作：包括编制里程碑和一级进度计划、组织开展初步设计预审查和委托第三方审查、组织开展施工图预审查和委托第三方审查、负责审核或批准设计方案的部分变更（重大设计变更才报业主批准）等。由于比较深入地参与了设计各阶段的具体工作，在施工过程中遇到的技术难题均有预案，使技术问题得以顺利解决。

咨询管理机构承担了办理或协同、协助相关单位办理与工程建设有关的各类手续，如项目立项、规划许可、规划报建、施工许可、规划检验和工程质量监督检查等属于建设单位承担的基本职责。

同时还全面履行了工程监理的职责，包括负责委托第三方工程安全监测、第三方质量检测单位，对工程施工过程进行全方位的监控，确保工程安全、质量保证体系运行正常，最终工程建设全过程未发生任何人身及机械设备安全事故；工程所有材料经见证取样送检合格才能用于工程上，每道工序经验收合格才能进行下道工序的施工。

为了使工程建设有条不紊地按制定的进度推进，咨询管理机构落实检查与管理到位，并督促施工单位合理安排施工进度，使得工程建设各阶段的进度始终处于受控状态，并提前 17 天顺利完成施工合同规定的里程碑目标。

二、全过程工程咨询管理在项目管理中的优势

（一）全面掌握建设工程的内在联系

传统的建设管理模式是将建筑项目中的设计、施工、监理等阶段分隔开来，各单位分别负责不同环节、不同专业的工作，这不仅增加了成本，也分割了建设工程的内在联系，在这个过程中由于

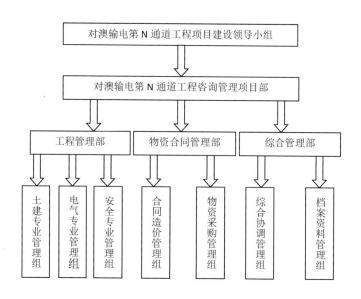

缺少全过程的整体把控，容易导致建筑项目管理过程中出现各种问题并带来安全和质量隐患，使业主难以得到完整的建设产品和服务。

实行全过程工程咨询管理，工程咨询企业能较早介入工程中，更早熟悉施工图纸和设计理念，明确投资控制要点，预测风险，并制定合理有效的防范对策，以避免或减少索赔事件的发生。这也是全过程工程咨询管理业务的内涵，即让内行作管理，实现提高效率、精细管理的目标。其高度整合的连续性服务内容在节约投资成本的同时也有助于缩短项目工期，提高服务质量和建设项目品质，有效规避风险。

（二）节约工程投资及人力成本

咨询管理服务覆盖工程建设全过程，可以全程掌控所有信息，解决了项目决策、设计、招标、施工和竣工各阶段存在信息不对称的问题，避免了工程监理对于其他阶段的成果不甚了解的困扰，有助于缩短项目决策的工作周期，减少了建设单位和咨询管理机构重复的人力成本支出。

很显然，这种高度整合各阶段的动态管理过程更有利于实现全过程投资控制，本工程咨询管理人员立足于施工现场，通过限额设计、优化设计和精细化管理等具体措施，也较容易保证控制项目投资的目标实现。

（三）有效缩短工期和提高服务质量

工程咨询管理机构代替业主行使管理权，一方面，可减少业主日常管理工作和人力资源不必要的重复投入；另一方面，不再需要传统模式冗长繁多的招标次数和期限。本工程实例中，如从初步设计审查、施工图设计审查开始至工程实施过程中的地基质量检测、头体质量检测、基坑监测等，均由工程咨询管理机构通过公开（或邀请）招标确定第三方有资格的单位。这样使业主能够真正地优化项目组织和简化合同关系，也有效地解决了设计、造价、招标、监理的相关单位责任分离的矛盾，切实有利于加快工程进度，缩短工期。

在实施管理过程中，承建单位面对一个业主授权信任的监督管理主体，避免了传统模式的"业主——监理——施工"复杂的三角关系，减少了相互扯皮和推诿的现象，有利于激发承包商的主动性、积极性和创造性，促进新技术、新工艺和新方法的应用。这样，工程各专业和环节可实现无缝链接，加强了内部的直线式联系与交流，从而提高了咨询管理的服务质量和工程项目的品质。

（四）有效规避风险

传统的管理模式，业主除了要承担设备采购、设计和施工三大合同管理风险之外，还要承担许多如设计审查、地基质量检测、结构实体质量检测和基坑（包括建筑物）变形监测等第三方责任的风险，对于没有工程建设经验的业主来说，是不完全具备承担较大抵抗风险能力的。

工程咨询管理机构作为项目的管理责任主体，能够充分发挥全过程管理的优势，通过对工程建设管理的丰富经验，针对性地强化工程管控的力度，减少生产安全事故发生的概率，从而有效地规避业主单位主体安全责任的风险。

（五）促进提高建筑市场管理水平

开展全过程工程咨询管理服务，必须要有完备的管理手段，也自然需要引入新技术来促进工程技术管理的创新与提高。

工程咨询管理机构可以通过大力开发BIM、大数据和虚拟现实技术，提高设计和施工的效率与精细化管理水平，提升工程设施安全性、耐久性，从而降低全生命周期运营维护成本，增强项目建设投资效益。借助这些先进的技术管理手段，全过程工程咨询管理将进一步发挥其专业管理的优势，以提高建筑市场整体的管理水平。

结语

本工程采用的管理模式与传统的工程监理有着明显的不同，但与住建部提出的"一个有能力的企业开展项目投资咨询、工程勘察设计、施工招标咨询、施工指导监督、工程竣工验收、项目运营管理等覆盖工程全生命周期的一体化项目管理咨询服务"还相差较远，管理的深度还远远不够，如在设计阶段，本公司仅承担了设计审查方面的职责；在施工阶段，也只是承担传统的工程监理职责。

由于全过程工程咨询管理模式覆盖面广、涉及专业多、管理界面宽，对提供服务的企业专业资质和综合能力会有较高要求。只有在咨询管理过程中需不断深入工程建设每一个环节，从设计阶段入手，提前解决或者处理更加深层次的技术难题，才能成为真正意义上的全过程咨询管理企业。

监理企业走向全过程工程咨询之实践

江苏建科工程咨询有限公司

从 2017 年国务院办公厅《关于促进建筑业持续健康发展的意见》（国办发〔2017〕19 号）提出鼓励、发展、推广全过程工程咨询，到 2019 年国家发展改革委、住房城乡建设部联合印发《关于推进全过程工程咨询服务发展的指导意见》（发改投资规〔2019〕515 号），标志着全过程工程咨询从试点阶段逐步迈向全面推进阶段。全过程工程咨询以高度关注业主需求、高度集成化服务等优势逐步打开市场，项目数量显著增加，出现了很多千万甚至是过亿大单。监理企业如何把握全过程工程咨询发展机遇，加强全过程工程咨询实践能力，实现跨越式转型发展，是整个监理行业需要共同思考、同心同力解决的问题。

本文将针对公司全过程工程咨询项目实践进行复盘总结，并分享开展全过程工程咨询业务时所获得的经验。

一、全过程工程咨询案例分享

某商业银行项目位于江苏省常州市，其总用地面积 60069m²，总建筑面积 165650m²，其中地下建筑面积为 53000m²。本项目含两栋高层建筑，地上分别为 17 层和 16 层，裙楼 4 层，地下 2 层。主要功能为数据中心、档案中心、金库与押运中心、支行和科技中心等。总投资估算为 11.8 亿元，计划建设工期为 2014 年 7 月 8 日至 2018 年 6 月 30 日。

本项目全过程工程咨询服务工作包含项目管理、工程监理、招标代理、造价咨询等。

（一）咨询工作重点与难点

本项目规模大、功能复杂且专业性较强（如数据中心、科技中心、金库等），涉及的专业设计较多、咨询技术服务复杂、材料设备采购量庞大。业主在前期无法提供完整的需求，但对建设费用要求相当严格。因此，全过程工程咨询单位需在专业技术方面进行重点策划与管控，并针对专业技术难题组织专家论证与决策支持；协助业主进行招标方案策划并落实招标计划，审核与管理合同界面；具备强有力的技术、管理集成能力及沟通协调能力；做好材料设备等采购工作的调研、比选。

（二）组织架构设计

本项目建立了以项目管理负责人牵头的全过程工程咨询集成化服务团队，以项目管理为主导，高度整合造价、监

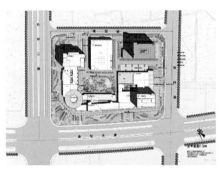

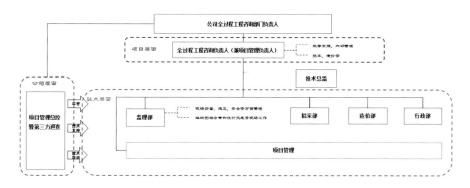

江苏省建筑施工标准化文明示范工地

理、招标代理等专业，实现技术与管理的整合。其组织架构如上图。

（三）全过程工程咨询成果及复盘总结

本文以项目目标为导向，以需求调研为基础，以全过程项目管理为核心，结合监理企业在全过程工程咨询实践中的优势及短板，进行复盘总结。

1. 质量安全管理咨询工作

项目建设过程安全，质量上乘，获得了好评。在第三方巡查过程中，以质量巡查95.5分和安全巡查90.1分的高分在同期项目中分别排名第一位和第二位，同时还获得了"绿色建筑二星级设计"标识，其中数据中心工程通过了"CQC增强级（A级）机房认证"，并被评为"江苏省建筑施工标准化文明示范工地"。目前该项目正在申报江苏省"扬

子杯"优质工程奖和鲁班奖。

监理企业在提供全过程工程咨询服务时，要充分发挥现场质量管理、安全管理优势，重点关注对设计质量的把控。

1）对设计的质量控制

本项目数据中心技术系统复杂，安全可靠性要求极高。在设计阶段，监理组织主要设计人员驻工程现场，与业主方科技部门相关人员进行密切沟通，充分了解业主对于数据中心功能、性能、运维等方面的需求；在扩初设计阶段，对数据中心核心的空调系统、电气系统、动环系统等组织专业人员进行技术经济分析，并听取业主方的意见，在功能需求、运维管理、技术经济等方面达到良好的平衡。

2）重视现场施工管理，严把质量关

充分发挥监理企业优势，确定完善

的工程质量控制流程，重视现场巡视和关键质量控制点的监控工作，重点关注变更是否按要求实施到位，严把质量关。

3）明确安全责任，现场安全管理到位，防止意外发生

与业主、施工单位建立共同的安全管理目标体系，在所有分包合同中明确关于安全文明的管理规定，并约定相关费用、奖罚办法，现场形成齐抓共管的局面。

2. 投资控制咨询（造价咨询）工作

建设资金管理规划有序，竣工决算严格控制在概算范围内。本项目审核各类支付款项460余次；编制投资估算、阶段资金使用计划、投资测算分析报告累计40余份；审核各类合同结算，形成结算审计报告55份，核减结算申报金额总计约3600余万元。项目批复的

绿色建筑二星级设计

CQC增强级（A级）机房认证

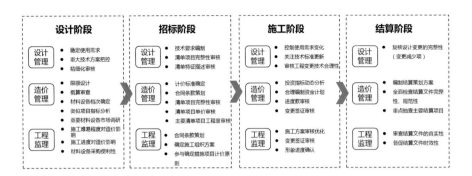

投资概算为 11.8 亿元，在完成规定建设内容基础上，通过有效控制，实际投资 11.62 亿元，节省投资 1800 万元，节省率为 1.5%。

在全过程工程咨询服务中，投资控制是重难点工作。监理企业应在工程建设全过程中与设计管理、造价咨询、工程监理、招标代理等专业共同完成投资控制工作。

1）项目初期做好总投资测算

在项目初期，详细了解各使用部门在办公、会议、档案库房、金库及押运等方面的人员、使用面积、配套设施等需求，整理形成基本需求指标，根据公司项目经验数据测算项目总投资。项目总投资计划充分考虑了各种不利风险，安排前紧后松，得到了业主书面确认。

2）在设计阶段进行重要工程系统技术选型与经济性比选

在方案设计和扩初设计阶段，与建筑设计院协商确定结构选型、空调系统选型、电气系统容量等基本要素；在数据中心工艺设计方面，与科技部门进行多轮需求协调，合理选择核心机房形式、各系统设计冗余度、空调系统形式、电气系统选型等，综合考虑技术性能、稳定性、经济性等因素。

3）在设计概算阶段审核和优化概算并作投资分解

建筑设计院提供的设计概算线条比较粗犷，部分数据的合理性不足，比如对于工程直接成本以外的费用往往没有足够的经验数据；对于专业的工艺系统、工艺设备（如数据中心的工艺设备精密空调、机柜等）不能准确估算。针对这些问题，公司充分利用专家资源，并从信息平台提取历史数据，对设计概算中的重点内容进行论证和研究，结合市场调研成果进行调整，形成比较准确的项目总投资目标。

设计概算的各个分部分项和费用项目，按照专业和合同包划分，形成投资控制的分解目标，在后续的全过程工程咨询工作中，作为持续跟踪和控制的基准。

4）在招标准备阶段充分进行市场调研，优化材料设备选型，制定控制价

在招标准备阶段，开展了项目设备材料、厂商的调研和价格比选工作，明确项目中的主要材料及设计的技术标准和技术要求文件，确保材料或设备的质量及档次；对项目所需的主要材料设备进行市场摸底，合理编制工程招标控制价，提高招标控制价的精准性。

3. 进度管理咨询工作

项目建设工期紧，比同类项目工期短。某项目建筑面积 6 万平方米，从前期手续到竣工交付仅花了 4 年时间，与江苏省联社系统中建成和在建同等规模项目相比工期较短（最短工期项目也是本公司全过程工程咨询项目）。

监理企业在提供全过程工程咨询服务时，要充分利用全过程工程咨询集成化的特点，将进度管理前置，在策划阶段紧抓总控进度计划。

1）合理编制与动态调整总控进度计划

总控进度计划是基于整个项目的所有任务，包括实体施工内容的里程碑计划、报批报建工作安排、设计工作控制性计划、招标采购控制性计划等，经过全过程咨询团队和公司专家讨论，确定了项目建设的总计划工期为 4 年半（见上图）。

在项目建设实施过程中，项目团队共同努力，不断跟踪实际进度，动态调整总控计划的内容和逻辑关系，采取各项管理、技术、经济等措施，通过艰苦的努力，实现了既定的工期目标。

2）发挥监理企业现场管理优势，紧抓关键工作，做好项目进度组织

总进度计划执行过程中，合理控制工期。例如，数据中心工艺、内装、幕墙、智能化等专业设计虽然不在关键线路上，但是这些专业设计需要较长的需求调研、方案比选与优化、技术选型、材料选样等过程，需预留充足的时间进行磨合。公司在计划的实施过程中，给这些设计工作以充足的磨合深化时间，以便在设计环节尽量减少施工阶段可能出现的问题。

3）做好外部配套工作安排，避免不必要的延期

充分做好与消防、环保、规划等部分的沟通协调工作，确保项目报批报建验收管理顺利进行。如室外工程施工时，总行、管理公司、施工单位合力处理自来水接入、天然气接入和蒸汽接入等棘

手问题。

4.招标采购及合同管理咨询工作

本项目组织招标研究会、答疑会、招标会200多场，形成各类咨询、技术服务、工程、货物等合同文本150余份；处理工程变更、洽商记录650余份；处理合同争议事项70余项；办理各类合同支付款项460余次。在整个项目的招标过程中，本着公平、公正、公开的原则，确保工程所需的所有设备材料满足施工进度的要求，其质量和性能价格比最优，实现项目招投标零有效投诉，落实"阳光工程"的各项要求。

监理企业在招标采购方面要充分发挥现场对施工、设备安装等方面的经验优势，注重前期合同体系策划工作，弥补合同管理知识短板。

1）紧抓合同体系策划与界面的策划和管理，减少工程争议、界面冲突（如下图与表所示）

2）组建学习型团队，加强合同管理能力

合同管理对人员的综合知识与技能要求很高，相关人员需要掌握工程技术、工程经济、合同管理、法律法规等多专业知识。通过各种形式组织团队学习，并加强各岗位人员之间的交流沟通，极大地提高了合同管理的效果和项目部成员的合同管理技能。

5.信息化咨询工作

信息化咨询工作是本项目的增值服务，重构了全过程工程咨询项目信息化体系，积极应用BIM、全过程工程咨询平台等工具，开展信息与数据的集成管理，使工程管理更高效，投资控制更精准，进一步提高质量、安全和进度，提升了项目全过程工程咨询水平。

1）提供可视化服务，减少不确定性需求变更

基于BIM管理，在设计阶段可以向业主方进行直观效果模拟展示，将传统的二维平面转化成三维空间效果，缩短了方案反复修改的过程，减少了不确定需求变更，减少资源浪费。

2）辅助合同管理，提供竣工结算审计数据支持

基于信息化管理模式，能够及时管理所有合同资料、变更管理、付款款项等信息，对合同管理的及时性、有效性提供了有力的技术支撑。

信息化平台积累了项目全面的信息数据。竣工资料完整、真实、准确，确保了竣工结算审计能够实事求是地反映竣工时真实发生的工程量和采购的当期价格，有效避免了业主方和施工方的纠纷，节约了竣工验收的费用和因描述不清而误增的工程造价。

二、监理企业开展全过程工程咨询业务经验分享

全过程工程咨询是由国家主推、协会主导、企业积极参与的行业变革，但它本身也是市场需求的产物，这是全过程工程咨询市场发展的源泉。

（一）充分发挥监理企业优势，拥抱企业转型升级

全过程工程咨询已到。监理企业应充分发挥其得天独厚的优势，拥抱企业向全过程工程咨询转型。

监理企业具备现场管理的优势。监理服务是报批报建、采购与合约管理、质量监督、投资控制、进度控制、安全文明施工管控、辅助竣工验收、运维管理的主要参与方，虽然在前期策划阶段参与较少，但服务团队入场后，为了更好地完成工作任务，一般都会主动搜集项目前期阶段的资料，如建设项目选址意见书、工程可行性研究报告等，并组织监理服务团队进行消化。

监理企业具备协同管理的基础。工程项目的施工阶段是项目实施的关键阶段，受外界环境干扰较大，需要调配的资源很多，组织协同管理较为复杂。监理服务团队在项目现场的时间较长，且有时会代表业主与不同阶段提供不同咨询服务的供应商发生关联，涉及投资咨

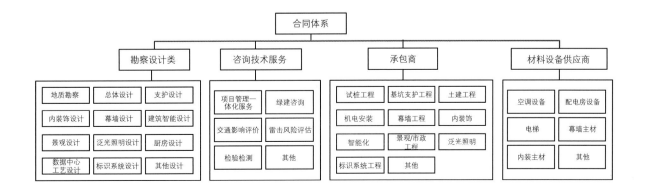

项目界面策划表

编号	工作分解	业主	全过程工程咨询
1	前期工作		
1.1	项目策划	批准	策划/实施
1.2	报批报建	支持	实施
2	设计		
2.1	限额设计管理	批准	实施
2.2	组织设计竞赛	批准	实施
2.3	委托各专业设计单位	实施	策划
2.4	设计进度控制、设计协调管理	批准	实施
2.5	设计审核与优化	批准	实施
3	招标采购		
3.1	制定发包方案与招标工作计划	批准	实施
3.2	组织和实施招标采购工作	批准	实施
3.3	组织材料设备选型	批准	实施
3.4	采购协调与控制	支持	实施
4	工程管理（含监理工作内容）		
4.1	进度、质量、安全控制	支持	实施
4.2	安全与文明管理	支持	实施
4.3	工程技术管理	批准	实施
4.4	工程综合协调	支持	实施
5	合同管理		
5.1	履约管理	支持	实施
5.2	风险管理	支持	实施
5.3	工程索赔与反索赔管理	批准	实施
5.4	合同变更管理	批准	实施
6	投资控制		
6.1	清单和控制价编制、跟踪审计、竣工结算审计	批准	实施
6.2	投资匡算与投资分解	批准	实施
6.3	设计概算审核优化	批准	实施
6.4	资金使用计划	批准	实施
6.5	工程款审核与支付	批准	实施
6.6	变更与索赔估价	批准	实施
7	竣工验收、备案、移交等组织与办理		
7.1	组织各专项验收及竣工验收	批准	实施
7.2	办理竣工备案及其他手续	支持	实施
7.3	办理竣工移交	参与	实施
8	信息管理		
8.1	信息管理	参与	实施
8.2	档案管理	参与	实施
8.3	图纸管理	参与	实施
8.4	市场信息搜集	参与	实施
9	质量保证期服务		
9.1	协调各工程、设备质保期间的问题	参与	实施
9.2	办理参建单位的尾款支付手续	批准	实施
9.3	其他于本工程相关的服务内容	参与	实施

询、市场调研、法务顾问、工程造价、绿色建筑、物业运维管理等相关咨询服务领域和相关知识。

（二）坚持全过程三维能力模型指导，补短板提升核心能力

全过程工程咨询将各个阶段的咨询服务融合成一个有机的整体，对企业能力要求非常高。江苏建科对标国内外优秀企业，坚持以全过程三维能力模型为指导（如下图），构建管理知识体系、技术知识体系以及经济法律知识体系，打造企业研发创新能力、制定标准能力、全过程咨询管理体系建立及运行能力、先进技术手段应用能力、团队建设及管理能力，提升全过程工程咨询服务水平。

（三）因势利导，推进行业生态合作共赢

自推行工程监理制度以来，监理行业内部竞争加剧，企业之间竞争大于合作。随着时代的发展，共享合作思维的转变，监理企业发展遇到了难得的历史机遇和挑战。全过程工程咨询是一种创新理念，它打破了碎片化的管理模式，不再局限于一家单位、一个项目，而是一个生态圈的建设和发展。借此机会，笔者倡导建立监理协会全过程咨询行业生态圈，促进沟通合作，共同开发资源，共同探讨全过程咨询行业的深层次服务，实现生态共赢。

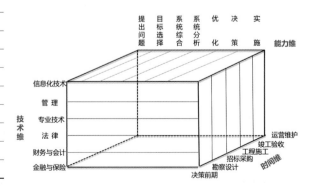

开展高新技术应用研究与工程实践 增强监理企业转型、升级实力

北京建大京精大房工程管理有限公司

引言

国家经济快速发展，工程监理作为建筑行业的重要组成部分，面临着新的发展机遇和挑战。面对政府管理部门陆续出台的关于推动建筑业持续健康发展和全过程咨询以及工程监理企业转型发展的有关要求，如何实现自身可持续发展和经济效益增长，日益成为摆在企业面前的核心问题。

本文旨在探讨工程监理企业借助高校在高新科技创新研发上的实力，在管理手段上吸收转化，将企业常规管理理念、方法与当前以创新为核心的新发展理念相互融合，增强对高新技术应用与实践的能力。本文通过企业近几年探索的三维激光扫描、无人机遥感，以及合成孔径雷达等高新技术在工程建设领域的应用实践，分析阐述了以此为代表的技术创新和高新技术应用对于提升工程监理企业转型、升级能力，实现内涵式、多元化创新发展，拓展工程监理服务的广度和深度，帮助企业赢得更高的经济收益和更好的服务口碑所具有的意义。

一、三维激光扫描技术

三维激光扫描测绘技术出现于20世纪90年代，该技术通过高速激光扫描精确测量的方法，快速、大量地采集空间点位信息，获取被测对象表面数据。具有高效、快速、准确、无接触等优势，能够获得物体三维数字信息，制作形式多样的数字产品。

三维激光扫描技术近十几年来发展迅速，在文化遗产保护规划设计、建设工程测量、异形建筑物与构筑物数据采集、自然灾害调查与监测、城乡规划建设等领域均有大量应用。随着地面扫描设备软硬件的发展，该项技术亦逐步在建设工程施工监测领域推广，且有众多的应用成果。

（一）为工程规划设计提供详尽三维信息资料

在地铁规划设计中，利用三维激光扫描技术获取地铁沿线地面建筑物现状信息，为设计部门提供详细的建筑物三维数据。

利用三维激光扫描技术制作云冈石窟外立面正射影像图，为窟檐保护设计提供基础数据。

（二）施工监测

三维激光扫描仪由于其精度高、速度快、操作便捷等特点可方便应用于工程项目监测工作，如施工场地地形图检测、土石方填挖量复核、钢结构BIM设计尺寸检测及古建筑修复施工监测等。

在大兴机场建设中，使用三维激光扫描技术监测钢结构施工。利用扫描点云绘制钢网架的CAD图，提取网架球节点中心三维坐标与设计坐标对比，从而监控钢网架施工质量。

在某钢结构工程建设中，使用三维扫描仪检测出厂部件与设计BIM数据符合性。

在主体结构完工后，利用扫描外部结构得到的点云进行网架幕墙建模、编织筒点玻曲面的下料设计；进一步优化（网架的屋面）曲面设计BIM模型，指导施工。

（三）在隧道工程中的应用

三维激光扫描技术和传统测绘技术相结合，能够在隧道施工或运维各个阶段采集三维数据，记录隧道三维几何形态；提供隧道超欠挖面积和土方量、周边收敛变形、调坡调线、平整度等多种分析成果；制作管壁表面正射影像平面展开图，直观检查管壁渗水、裂纹等病害状况；提供高密度、多信息采集方式替代常规测量检测手段等。

二、无人机遥感技术

无人机遥感技术是集成无人驾驶飞行器、传感器、遥测遥控、GPS差分定位，以及无线通信等多种技术为一体的新型应用技术。它以无人驾驶飞机作为

平台，荷载一种或多种遥感设备，用以采集目标物数据，通过计算机数据处理，得到目标物的多种信息。可以根据不同类型的任务，搭载相应的机载遥感设备，如高分辨率CCD数码相机、轻型光学相机、多光谱成像仪、激光扫描仪、合成孔径雷达等。

（一）无人机倾斜摄影

无人机倾斜摄影是在同一个平台搭载多台相机，同时从垂直、侧视等不同视角采集影像，可同时获得同一位置多个不同角度，具有高分辨率的影像以及丰富的目标物侧面纹理等信息。经过数据处理可以得到高质量、高精度的场区正射影像图、目标物三维模型等。

在地铁建设中，利用倾斜摄影技术可以建立地铁线路周边真实的三维地表模型，通过BIM+GIS融合技术，可将宏观的三维地表场景与微观的BIM模型完美融合，真实地再现线路、车站与周边环境的相对位置关系，比传统的规划设计更加直观、有效。同时，勘察人员也可通过三维地表场景直接选择勘探钻孔点位置，作建筑物属性信息调查，极大地减少了人力、物力投入，对于缩短建设工期、节省成本具有重要意义。

（二）无人机载激光雷达

无人机载激光雷达（LiDAR）系统集成了GPS、IMU、激光扫描仪、数码相机等光谱成像设备。其中主动传感系统（激光扫描仪）利用返回的脉冲可获取探测目标高分辨率的距离、坡度、粗糙度和反射率等信息，而被动光电成像技术（数码相机）可获取探测目标的数字成像信息，经过数据处理而生成地面采样点的三维坐标，最后经过综合处理得到沿一定条带的地面区域数字三维成果。

在输电线路运维中，利用激光雷达采集输电线路走廊激光点云数据和航空影像数据，经处理后可以获得整个区域的三维地形地貌以及主要地面物体的空间信息，包括塔座、挂线点位置、挂线弧垂、树木、构筑物等。根据这些信息，可以开展紧急缺陷快速检测、运行工况实时分析、树木生长分析预测等。

三、合成孔径雷达技术

合成孔径雷达（Synthetic Aperture Radar，简称SAR）是一种全天候、全天时的现代高分辨率微波成像雷达。它是20世纪高新科技的产物，是利用合成孔径原理、脉冲压缩技术和信号处理方法，以真实的小孔径天线获得距离向和方位向双向高分辨率遥感成像的雷达系统，在成像雷达中占有绝对重要的地位。近年来由于超大规模数字集成电路的发展、高速数字芯片的出现以及先进的数字信号处理算法的发展，使SAR具备全天候、全天时工作和实时处理信号的能力。它在不同频段、不同极化下可得到目标的高分辨率雷达图像，具有克服云、雾、雨、雪的限制对地面目标成像的优点。

（一）地基SAR用于动态监测

地基SAR作为一种新型地面遥感技术，可以以极高的分辨率对地面区域目标进行一定时间长度的精确监测。通过发射和接收信号以获取二维干涉图，经过差分处理对目标物的特性如位移、变形等情况进行大面积多点同时同步监测，具有高精度、远距离无接触、全天候、全自动等优点。现阶段在超高层建筑物监测、基坑监测、山体滑坡实时监测、桥梁监测，以及矿体大坝监测等项目中

均有实际应用。

在建筑基坑施工过程中，由于边坡侧向压力的存在，以及降雨、坡顶外加荷载等外界因素的影响，将引起基坑边坡位移形变。过大的形变不仅能导致基坑垮塌，还会危及周边建筑物和构筑物的安全。为确保安全，需对基坑边坡进行水平形变安全监测。

在桥梁运行监测中，利用地基合成孔径雷达对某跨海大桥东西方向航道桥进行动态监测。

监测结果表明，在额定载荷范围之内，桥梁主频率为2.15Hz。参照桥梁设计规范，确认桥梁自振频率未超过限值，该大桥桥梁结构安全，桥体运营良好。

（二）InSAR技术用于地铁沿线建筑物形变监测

InSAR技术是利用微波合成孔径雷达图像数据对地表重复观测形成的微波相位差计算地表形变，精度可以达到毫米级。InSAR技术是公认的进行地表变形调查和监测的高效手段。它能够大范围、可回溯、非接触地观测地表变形，可以用于地质灾害早期预警（主要是滑坡）、城市沉降监测、矿区沉降监测、重要基础设施（公路/铁路/地铁/输油管道/大型供水管线等）的早期路线勘测与后期运营维护等方面。

地铁建设诱发房屋开裂、管线断裂、道路坍塌等周边环境事故，除了项目建设本身引起周边环境直接变化外，还与周边环境自身前期历史变形和位移有较大关联。利用InSAR技术可以获得线路沿线周边环境高精度、高分辨率、大范围历史变形信息及演化趋势，从而为地铁工程建设有针对性制定施工环境保护、地质灾害防治方案提供重要技术数据支持。同时，为承保地铁项目的相关保险

公司提供服务，有助于工程保险业务服务能力提升和风险全过程管控。

通过历史 SAH 数据计算分析，得到深圳某地铁车站周边建筑物在不同时期的形变速率（主要为沉降和倾斜）。将历史数据与施工阶段即时数据作对比，可以分析地铁施工不同阶段对周边建筑物的影响，从而有针对性采取相应措施，保证项目施工安全进行。

（三）基于 PS-InSAR 技术的房屋异常形变预警应用研究

PS-InSAR，即永久散射体干涉测量技术是指利用同一地区不同期次 SAR 数据中的相位信息进行干涉测量的技术。通过识别目标物上具有稳定散射特性的相干点，分析其像素相位来反演目标物的形变信息。根据 InSAR 数据提供的建筑物累积形变和近期形变等多重信息，结合建筑物几何特征、结构特性，辅以常规检测手段可以建立基于 PS-InSAR 技术的房屋形变风险评估体系，构建具有筛查、预警功能的房屋风险管理平台。

图 1 显示了某示范区利用近 50 个月时间序列 SAR 数据作出的房屋沉降速率监测结果。在示范区内提取了监测范围内 524873 个 PS 点的三维位置信息、形变速率信息和历史形变信息，对其中较为严重的 9 栋房屋进行现场实测对比验证，验证结果表明筛查结果具有较高的准确度，可用于城市危险房屋的筛查、预警（见下表）。

在大中城市旧城改造阶段，该项技术有助于大面积筛查城市老旧房屋沉降变形程度，进而根据检测数据有针对性地制定相应改造方案，减低改造风险，提升方案可操作性。同时，该项技术可以为正在开展的住宅工程质量缺陷保险业务提供一种风险识别与风险估测的技术手段（图 2）。

结语

当前包括建筑业在内的众多行业的创新发展都离不开信息化、智能化和网络化的应用与实践，而与之相适应的

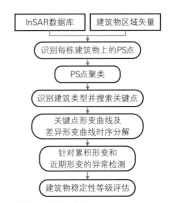

图2　建筑物稳定性评估体系

高新技术应用研究成果不断更新，这就预示着监理（工程管理、咨询）企业要想稳定、持续地发展就必须不断创新管理理念，打破既有管理模式，不断完善自身管理模式和管理方法。要紧盯时代潮流，未雨绸缪，与高校科研团队或社会科研团体紧密联系，密切关注高新技术发展趋势，选择有条件加以利用的高新技术为企业未来的发展创造契机。

本文中列举的激光扫描技术、BIM技术、无人机遥感技术、InSAR 技术等只是众多高新技术的缩影，随着科学技术的不断进步，将会有更多更新的技术手段被发现和提出，这就要求工程监理企业尽快厘清企业业务板块与新技术、新方法相匹配的领域，探索出与企业核心价值理念更加适宜的结合方式。依靠以高校为代表的科研力量和研究成果，加强自身技术应用能力，满足相应人才需求，从而完善并提升企业服务的综合能力。积极开展高新技术的创新应用与实践，拓展延伸工程监理业务的广度和深度，为企业转型升级提供必要的技术支撑，帮助企业快速适应新的市场需求，实现跨越式、内涵式发展，以满足中国建设发展的更高要求。

房屋筛查结果统计表

	某示范区域房屋筛查结果表			
等级	A类建筑（无危险）	B类建筑（值得关注）	C类建筑（重点关注）	D类建筑（采取措施）
数量	10721	322	37	0

图1　房屋沉降速率监测结果

全过程工程咨询在EPC总承包项目上的应用与思考

刘翔鸿　建基工程咨询有限公司

李相华　黄河勘测规划设计研究院有限公司

一、项目背景

海西州格尔木、德令哈光伏发电"领跑者"应用示范基地电网送出及公共基础设施共建工程和海西州1950MW风电项目接入送出共建工程总投资14.14亿元，分为领跑者电网送出和1950MW风电接入送出工程两部分，其中领跑者项目分别位于德令哈和格尔木，两地区各3座110kV升压站及进站道路、110kV送出线路、综合服务区及园区道路工程，各1座扩建330kV变电站工程土建及设备安装、线路接入工程；1950MW风电接入送出工程分别位于格尔木、德令哈、都兰、乌兰、大柴旦和冷湖地区，共建17座110kV升压站

和配套送出线路及进站道路工程，2座330kV变电站扩建工程土建及设备安装、线路接入工程。项目区均处于高原沙漠腹地，所有站点连线长度2000多公里，点多、线长、面广，多个站点设在无人区里，条件十分艰苦。

海西国投接到本项目建设任务后，根据项目特点，积极创新项目管理理念。由于两个领跑者项目要求于2018年12月30日完成并网，施工采用EPC总承包模式，可以有效缩短工期；为了有效控制投资和工程设计及施工质量，项目管理采用"监理单位＋管理单位"联合体全过程咨询模式，负责项目管理、设计优化、工程监理和设备监造。

本项目是根据建设单位的需求，两

家综合资质企业充分发挥各自企业自身优势，组成项目管理、设计优化＋监理、设备监造联合体服务于项目。

二、项目实施

黄河勘测规划设计研究院有限公司（勘察、设计综合甲级资质，以下简称黄河设计院）和建基工程咨询有限公司（监理综合资质，设计、造价咨询甲级，以下简称建基咨询）高度重视，立即组成项目管理及监理服务管理团队，在中标公示结束第二天，项目经理和总监即飞抵建设单位办公地海西州德令哈市，用两天时间踏勘了所有站点及线路路径。

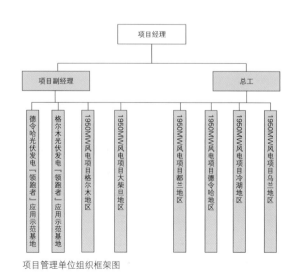

项目管理单位组织框架图

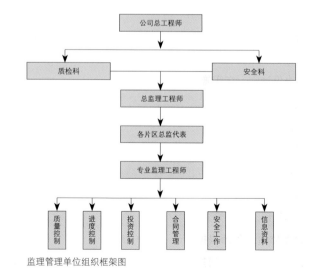

监理管理单位组织框架图

项目经理和项目总监运用以往工程管理经验，结合本工程特点，详细制定了"项目咨询管理方案"，报建设单位同意，确定在德令哈设置项目管理总部和监理部总部，在先期开工的德令哈、大柴旦、涩北、格尔木、大格勒5个片区工地现场分别设立5个项管及监理办公室；由于设备生产厂家遍布多地，设备监造人员每周定期将"工作周报"电子传输至项目监理总部；制定了由建设单位—项目管理—监理—施工单位（设备供应商）的四级管理模式。

由于工区基本都在沙漠地带，通信信号极为不畅，电话很难接通，为了有效进行分级管理和信息联络，监理创建了多个微信群，以便偶有较弱信号时通过微信互通信息。同时建立了由各施工标段参与、监理具体负责、项目管理主持、建设单位督导的月度检查评比制度，运用合同管理手段，奖优罚劣。

在EPC项目中，建设单位最关心的是工程进度，而进度控制也是监理应尽的职责，所以，项目监理总部依据各站点合同工期，制定项目进度总控制计划，报项目管理和建设单位，经共同会商一致后分发各片区，再由各片区总监代表组织专业监理工程师依据总控制计划，针对各片区实际情况，编制实施性控制计划，并要求各标段参照编制切实可行的施工进度计划。在实施计划的过程中，采取进度日报制，每日下午六点，各标段将实际进度情况，以文字+影像形式发到微信群里，照片上需有软件自动生成的日期、施工部位等水印内容，在每周监理例会上进行总结比较，每期例会的决议事项汇入月度检查评比考核。

设备监造工程师根据监理总部提供的各站点设备需求和到货计划，每周以周报+影像形式向项目监理总部汇报设备生产进度，以确保设备到货与土建施工无缝连接。

设计进度和设计质量是EPC项目的关键，本项目设计前期均采用传统二维设计模式。

1. 因施工单位层次不一，在本批项目中难免出现施工单位对图纸理解不同现象，要求设计单位采用三维设计模式，相同项目尽量提高套图率，现场设计代表做好施工现场解惑答疑工作，把设计意图准确地传达给参建各方。

2. 对于设计变更慎重处理。管理及监理针对设计变更的必要性作出判断，针对项目投资、变更目的性、可实施性作出优化分析，及时与建设单位和总承包单位沟通，避免增减投资，影响项目收益。

3. 对于设计院出具的设备技术规范书，项目管理及监理着重在技术参数、供货范围、运输界限、备品备件、售后服务及资料交付方面重点把控。

为了把控好源头，经建设单位、项目管理、监理研究确定，设计分包商在完成电子版图纸后应及时发给EPC总承包商，EPC总承包商收到电子版图纸后，立即组织技术人员查阅，同时传递给建设单位、项目管理和监理，根据联合体分工，项目管理单位综合建设单位和监理单位的意见并进行设计优化后，及时反馈给总承包人，审图合格后由建设单位合并进行设计交底和图纸会审，以确保施工蓝图能够真正指导施工，并有效控制设计变更和投资变化。

对于新能源项目，设备的质量、生产进度和按约定数量、时间供货至关重要。

1. 对于EPC总承包项目，设备监造工作必须深入供货厂家，针对各片区、各站点设备需求和到货计划，对设备生产进度、质量、出厂、运输及到货时间作出针对性管理。

2. 要防止设备供应商以满足项目合同基本功能要求的目的供货，设备监造工程师按照设备技术协议，针对设备和零部件或外购件技术参数重点检查，防止设备供货厂家为了降低成本以次充好。

3. 设备开箱验收时由项目管理、监理、设备生产厂家、总承包商、设计代表共同检查，对进场设备数量、外观质量和相关质量证明文件予以签字确认；特别是某些有现场交接试验的设备，划清各自工作内容与责任，防止设备厂家与施工单位扯皮，影响设备安装工作。

本项目为EPC总承包固定总价合同，投资控制方面，黄河设计院和建基咨询各配设一名造价工程师，负责由于变更引起的工程量和投资额的增减审核。正常合同内的工程量由总监和项目经理严格按照国家相关规定，依据总承包合同，需由总承包单位提交履约保证金（保函）、农民工工资保证金、保险等相关的证明材料，按总承包合同约定的进度节点批准工程款支付。

质量管理方面，严格依照国家和电力行业验收规范和标准（规程），按程序验收，不再赘述。

三、效果

本项目的格尔木、德令哈两个光伏"领跑者"基地正常工期需要8~9个月，经过参建各方的努力，按照国家能源局1230并网鼓励机制要求，仅用5个多月的时间，提前一天于2018年12月29日上午10:18同时并网成功，标志着中国替代煤电的平价清洁能源正式走进千家万户。目前1950MW风电项目剩余7个110kV升压站及配套工程正在按计划紧张施工，确保能在2019年12月30日前全部顺利完成并网送电。

四、思考

《关于促进建筑业持续健康发展的意见》（国办发〔2017〕19号）发布以后，行业内对全过程咨询的概念和内涵理解不一，一大批的设计院和监理公司认为全过程工程咨询就是为建设单位提供从可研、立项、规划、勘察、设计、招投标、设备采购、施工管理、建设监理、试车生产、考核验收直至后期运维的全生命周期管理和咨询服务，也有公司认为全过程工程咨询是为建设单位提供全过程的项目管理或者是全过程的造价管理。于是设计院、监理、工程管理及造价咨询公司，纷纷改名、兼并或重组，追求大而全。然而19号文明确指出：培育全过程工程咨询。鼓励投资咨询、勘察、设计、监理、招标代理、造价等企业采取联合经营、并购重组等方式发展全过程工程咨询，培育一批具有国际水平的全过程工程咨询企业。

原建设部设计司吴奕良司长在《纵论中国工程勘察设计咨询业的发展道路》一书中也说道："所谓全过程服务是指总体服务功能但并不是要求每一个企业都作到'大而全''小而全'的全过程功能服务。大型骨干企业可组成集咨询、规划、勘察、设计、研发、设备采购、项目管理、施工管理、建设监理、试车生产、考核验收、融资、培训、诊断评价等诸多功能的大型集团型工程公司，从事工程建设项目全过程各个阶段的技术

性、管理型服务。而一般的中小型工程勘察企业可以依据自身的条件和能力，为工程建设全过程中的几个阶段或某一个阶段提供不同层面的技术性或管理性服务。这样，可形成工程咨询业从不同的层次构建起为工程建设提供全过程、多功能、全方位、多层次、广范围、宽领域的服务体系。"

2017年7月18日，住建部发布了《关于促进工程监理行业转型升级创新发展的意见》（建市〔2017〕145号），明确确立了工程监理服务多元化水平显著提升，服务模式得到有效创新，逐步形成以市场化为基础、国际化为方向、信息化为支撑的工程监理服务市场体系。并提出要培育一批智力密集型、技术复合型、管理集约型的大型工程建设咨询服务企业。

2019年3月15日，国家发展改革委、住房城乡建设部发布《关于推进全过程工程咨询服务发展的指导意见》（发改投资规〔2019〕515号）也明确了全过程工程咨询服务的组织模式，有效地规避了传统监理模式弊端。传统的割裂的工程咨询缺少全产业链的整体把控，信息流被切断，从而导致建筑项目管理过程中出现各种问题，以及带来安全和质量隐患。全过程工程咨询服务是政策导向也是行业进步的体现。它也为工程咨询企业的发展提出了更高的要求，工程咨询企业需结合自身特点，根据全过程工程咨询服务的实际需要加强和完善企业组织机构和人员结构。快速培养与行业发展相适应的人才队伍，构建企业的核心竞争力，培育出既能提供综合性的多元化服务，又能对系统性问题提供一站式整合服务的能力；成长为具有国际水平的全过程工程咨询企业，提供高

水平全过程技术性和管理性服务。在市场国际化进程提速、竞争主体和投资主体均呈现多元化趋势下，工程咨询企业要提升国际竞争力。

结语

1. 国家从1988年引入工程监理机制开始与国际接轨，也就是在国家层面开始了对全过程咨询的研究。就目前国内工程咨询业现状，能为建设单位提供一站式全过程咨询的大型骨干企业应注重与国际工程咨询合作及交流，探索研究制定国内行业标准，致力于国际行业领先；在一些中型工程中适时接地气地与一些专业性较强的中小企业组成联合体，以便带动全国咨询业发展；中小型企业应首先考虑联合经营，逐渐积累、稳步壮大，不能急于求成。

2. 完善工程咨询企业的组织机构，提升工程咨询企业全过程工程咨询的能力和水平，加强工程咨询人才队伍建设是目前行业亟待解决的问题。

3. 目前国内仍处于全过程咨询实施的初级阶段，设计单位可以依靠自身技术优势，把可研、立项、规划、勘察、设计整合，为建设单位提供技术咨询服务；而监理单位有着得天独厚的政策支持和发展30多年来的一专多能的优势，不应认为自身仅仅是工程行业的一个专业，应充分理解三控两管一协调内涵。中小型监理企业可以与设计单位组建联合体；大型监理企业，可以考虑兼并重组或自组设计、招标代理、造价团队，为建设单位提供一站式咨询服务。积极采用AI、BIM、云计算等技术，创建涵盖多元、智能、集约、高技术水平咨询企业。

概述装配式建筑监理

王万荣

湖南方圆工程咨询监理有限公司

摘　要：国家调整产业结构，政府推广装配式建筑，符合可持续发展理念，对拉动社会投资，促进经济发展具有重要意义。了解装配式建筑的优缺点，有助于优化设计，提高建筑品质和抗震性能。随着中国劳动力成本直线上升，预测在未来10年内，装配式建筑占中国新建建筑比例将从目前的5%上升到30%以上。因此，装配式建筑市场潜力巨大，发展前景广阔。这需要各企业提前做好技术研发、工艺创新和业务布局，为进入装配式建筑市场打好基础。

关键词：装配式　建筑　监理

一、装配式建筑概念及意义

装配式建筑是用预制部品部件在工地装配而成的建筑，是建造方式的重大变革，经济发展的产物，社会进步的标志。发展装配式建筑有利于培育新产业、新动能，推动化解过剩产能；有利于促进建筑业与信息化、工业化深度融合；有利于带动技术革新与进步；有利于提高建筑品质和生产效率。对拉动中国社会投资，促进经济增长具有积极作用。

随着中国调整产业结构，重视绿色节能建筑，政府将推广装配式建筑提升到国家发展战略层次。监理企业要紧跟时代发展步伐，未雨绸缪，加强技术学习、业务培训，提升企业综合实力，提高监理素质，创建佳绩，赢得良好口碑。

二、装配式建筑发展趋势

发展装配式建筑是建筑业转变发展方式的有效途径。中国装配式建筑历经从示范到市场、从封闭体系到开放体系、从湿作业体系到干作业体系、从装配式住宅的内部到集材化、从结构设计到多模式的发展过程。其发展前景广阔，市场潜力巨大。监理企业要把握时代脉搏，关注建筑热点，瞄准市场风标，拓展监理业务。

三、装配式建筑优点与缺点

装配式建筑优点主要有：保温、节能，隔声效果好；受气候条件限制少，缩短了整体工期；生产效率高及工地用工少等。

其缺点主要是：技术、标准、规范支撑不够；基础性研究不足，生产成本高，应用领域有限等。

四、装配式建筑监理依据和目的

监理机构依据国家现行的法律、法规、技术标准、设计、招标等相关指导性文件，编制装配式建筑监理实施细则（含生产、运输、吊装、节点处理、灌浆及安全措施等方面内容），其目的是使预制部品部件生产、吊装、施工质量和安全达到设计、规范及监理合同要求的标准。

五、预制部品生产监理控制要点

（一）审核生产企业资质、生产能力、试验室资质及其技术人员上岗证等是否符合要求，生产质量保证体系是否完善；审核生产专项方案（审核质量控制措施、验收程序、合格标准及加工、安全措施、供应计划等是否满足现场施工要求），并签署监理审核意见。

（二）要求生产企业将深化设计图送原施工图设计单位审核签认，并组织深化设计图交底及会审。

如某工程采用装配式EPC总承包模式，牵头单位事先未组织深化设计图交底、会审，且对深化设计图审核流于形式、走过场，未仔细核对。在施工过程中发现叠合梁主筋存在少筋、超筋现象。此后组织技术人员将深化设计图与原施工图逐一对比，发现深化设计图竟有20余根梁存在少筋、超筋现象，有重大质量安全隐患，让人触目惊心。原施工图要求PC柱两面预留灌浆孔，深化设计图标明一面预留软管孔，不符合原施工图要求。针对这种严重的错误，总监签发停工令，责令施工现场及生产厂家停工整改。要求所有深化设计图送原设计单位逐一审核签认。施工单位及生产厂家编制整改方案，报监理机构及建设单位审批后实施。对有少筋质量问题的预制梁，无论是已运至施工现场安装的，还是在厂里堆放的，全部作报废处理。要求生产企业加强技术力量、内部管理和学习培训；增强质量意识、安全意识和进度意识。注重于今朝，防患于未然。

后续生产的部品按经原施工图设计单位审核签认的深化设计图生产，PC柱也调整为双面灌浆孔，如图1所示。

（三）对进场的水泥、钢材、钢套筒等原材料进行验收。核对质保资料，并现场见证取样送检试验，部品材料合格，在材料报审单上签署监理意见。

（四）装配式建筑采用半套筒灌浆（即一端采用灌浆方式连接，另一端采用螺纹方式连接）。其工艺检验应在预制部品生产前，模拟施工条件制作接头试件。每种规格钢筋各制作3个对中套筒灌浆连接接头。工艺接头检验合格后，可免除此批灌浆套筒的接头抽检。

（五）对部品生产进行全过程监理。对钢筋绑扎、钢质套筒及其软管、吊点、水电线管预埋等隐蔽工程进行检查，拍照留下影像资料。灌浆出浆软管安装应避免弯曲折叠，扭曲变形。

（六）当板跨度大于3m时，宜采用桁架钢筋叠合板。叠合板厚度及后浇混凝土厚度均不得少于60mm。预制部品吊环应采用R235光圆钢筋，严禁使用冷加工钢筋。吊点必须按设计要求预埋，严禁利用叠合板桁架钢筋作吊点。若验收不合格，签发监理通知单，要求生产厂家限期整改到位。对验收合格的部品签署监理意见。

（七）驻厂监理检查模具是否有足够的强度、刚度和稳定性。检查模具组装是否正确、牢固、严密、不漏浆。模具应清理干净，其表面除饰面材料铺贴面范围外，应均匀涂刷脱模剂。

（八）总监巡视发现厂里生产框架梁、柱箍筋两端弯钩一端呈135°，另一端呈90°，其直线段长度均达不到10d，不符合抗震设计要求。签发监理工程师通知单，责令生产厂家限期返工整改至合格。一般抗震等级为一、二级的叠合框架梁的端部箍筋加密区宜采用整体封闭箍筋，其余部位宜采用开口箍筋，开口箍筋上方应做成135°弯钩，弯钩直线段长度≥10d。

（九）总监到厂里巡视，发现预制构件混凝土浇水养护不到位，要求生产厂家安排专人并配高压水枪浇水养护，增加构件养护频次和时间，避免混凝土表面出现烧浆、开裂现象。生产场内宜采用蒸压养护，这样混凝土强度增长快，能按时向施工现场供货。

（十）审核混凝土配合比，见证取样混凝土坍落度和抗压试块制作，旁站监理混凝土浇捣过程，并做好旁站记录。

（十一）模具拆除和修补。预制构件脱模起吊时，必须符合设计要求，当设计无要求，不得低于同条件养护的混凝土设计强度等级值的75%。预制构件吊装时，吊索与水平线的夹角不宜小于60°，严禁起吊构件悬空久停。拆模后，检查预制构件结构性能及是否有安装使用的外观缺陷。对有缺角掉棱、露筋、蜂窝等外观缺陷的预制构件进行修补，要编制修补专项方案，报监理机构审批后，在厂内进行修补处理。

（十二）要求生产单位对叠合板、墙板侧面作拉毛等粗糙性处理。叠合梁、板与后浇混凝土结合面应设置粗糙面且不宜小于结合面的80%。预制板的粗糙面凹凸深度不应小于4mm；预制梁、柱端、墙端的粗糙面凹凸深度不应小于6mm。

（十三）要求生产厂家严格控制部品出厂时间，混凝土强度必须达到设计强

图1　PC柱预留双面灌浆孔构造

度的 75%（用回弹仪检测），否则严禁出厂。叠合板表面出现裂缝深度达板厚 1/3，属有害裂缝，在板面裂缝处设板带附加筋（钢筋 ϕ8mm@200，$L \geqslant$ 300mm，上层设 2ϕ8mm 固定筋）作加强处理。垂直于叠合板纵向受力钢筋方向且裂缝深度超板厚 1/2，如图 2 所示，施工现场拒收，要求运回厂里作报废处理。

（十四）每个预制部品要有独特的编号和生产日期，出厂前报驻厂监理验收签证，符合质量要求后才允许出厂。

（十五）驻厂监理人员及时整理资料，以便备查、归档。

六、预制部品运输进场堆放监理控制要点

（一）审核部品的成品保护、运输和堆放方案。外墙板宜采用竖放，竖放应采用专用支架插放或靠放，运载宜选用低底平板车，可使部品上限高度低于交通限高高度（交通部门规定运输车辆限高 4.0m）。

（二）部品运输车的特点是长、高、大，故要严格控制车速并匀速行驶，在转弯处和不平整地段减速，以保证行车平稳安全，防止车速快、振动大导致预制部品部件损伤、断裂。要求生产厂家事前对运输驾驶员做好书面安全技术交底。

（三）监理、施工质检员联合对进入现场的部品逐一检验，检验内容有混凝土强度等级、外观质量、尺寸偏差及结构性能是否符合设计要求或现行国家标准的有关规定。检查部品编码、生产单位、生产日期、检验员代码标注是否清楚等。检查随车质量文件，检查部品有无扭曲、断裂、破损及翘曲等质量问题。验收合格后，监理人员在部品进场验收单上签收。

（四）对检查不合格的梁、板、柱部品，如运输过程中造成损坏、开裂或断裂的，要求全部退回厂里作报废处理。

（五）部品存放时，应按吊装顺序和部品型号分区配套存放，存放位置应在起重机工作范围内。不同构件存放场地之间应设宽 0.8~1.2m 的通道。要考虑吊车回转半径，避免多次转运和起吊盲点。外墙轻质保温板、高低口、墙体转角等细部薄弱环节要加强保护。有影响板材结构耐力的损坏，需退回生产厂家作报废处理。

（六）预制构件（外墙板除外）临时堆放，应选择平放。其吊环朝上，标记朝外。为了节约场地，采用多构件叠放方式，堆放场地应硬化。AIC 板不宜直接放在地面上，堆放架宜有足够的承载力和刚度；叠合板最高堆放不超过 6 层，PC 梁柱堆放最高不超过 2 层，底

层及层间需设置支垫（支垫离梁板柱端 300~400mm），支垫平整，上下对齐。堆放的部品超过上述层数，应对支撑、地基承载力进行验算。

运至现场的预制构件卸装堆放不慎导致断裂的，要求退回厂里作报废处理，如图 3 所示。

（七）检查预制构件，在材料/构配件报审表上签署"验收合格，同意吊装"监理意见。并在堆放现场挂上验收合格标签。因开裂或损坏的梁板构件，生产厂家不能及时供应到货，经设计同意可改预制为现浇钢筋混凝土，部品几何尺寸、配筋按原施工图施工。现浇板与相邻预制板缝用 ϕ8mm@200，$L \geqslant$ 300mm 作加强处理。伸进板缝两边长度均不小于 150 mm，如图 4 所示。

七、预制部品安装监理控制要点

（一）审核部品安装（含吊装）专项施工方案，包括安全、质量、环境保护及施工进度计划等内容。并签署监理审核意见。

（二）当层高 ≥ 4m 时，应采用满堂脚手架支撑体系。预制部品吊装前，要求施工单位对吊车、塔吊司机、司索工等操作人员进行安全技术交底，并提出监理控制要点。特种作业人员必须持证上岗，避免违规操作，确保吊装安全。

（三）测量定位，每个楼层或单元应设置一个引测高程控制点，其垂直轴线控制点不少于 4 个。经监理复核合格后在测量复核单上签署监理意见。

（四）根据图纸确定吊装顺序。将需要吊装的预制部品标上编号，按顺序依次摆放就位。吊装设备应在安全操作状态下

图2 叠合板裂缝

图3 叠合梁裂缝

图4 叠合板报废改现浇板设附加板带钢筋

进行吊装。监理进行旁站并做好旁站记录。

（五）部品吊点材质、规格型号、位置布设及吊具安全性需经设计验算。吊点的刚度及强度必须符合设计要求。吊点漏埋或损坏、吊点位置不符合要求的，要退回厂里进行处理。

（六）吊装部品前，要求施工方按部品吊装图核对梁、板、柱构件型号，避免吊装错误，导致返工。

（七）PC柱、梁、板部品吊装顺序依次铺开，不宜间隔吊装。吊装时，严格控制部品就位工作。相邻板面要平整，高低差不得大于5mm。

（八）部品在吊装过程中不宜偏斜和摇摆，严禁吊装构件长时间悬停在空中。部品吊装时，下方严禁站人；6级以上的风、大雾和雨雪天严禁吊装，每天检查钢丝绳（吊装钢丝绳直径不小于20mm）是否受损，以保证部品吊装就位安全。

（九）竖向预制部品吊装

1.厂内吊装采用行车吊，施工现场采用塔式起重机吊装，其工作半径、起重量应符合要求。吊钩与吊环不得出现歪扭或卡死现象。

2.竖向部品就位前，安装工人根据标高控制线在楼面标高误差处设置垫铁；竖向柱、墙板部品吊至预留插筋上

部约100mm时，用小镜观察，下层预留钢筋与上层部品孔洞一一对应后，再下放就位。

3.利用可调式钢管斜支撑将竖向构件与楼面临时固定，检查柱、板部品标高、水平定位、垂直度无误后紧固斜向支撑，卸去吊索卡环。

4.柱部品吊装前，用定位模、扳手校正楼面预留纵向钢筋（一般第一层框架柱采用现浇混凝土），清理柱基层建筑垃圾，柱中间用垫片控制标高，如图5所示。让柱底部预埋的线管作溢浆孔（高过出浆孔约200mm）与套筒灌浆进出孔形成连通，如图6所示。

（十）用1:3水泥砂浆将PC柱、墙水平缝封堵密实。PC柱预埋避雷镀锌扁铁下部往往封堵不密实，在灌浆时出现跑浆现象。事前需对补缝泥工做好技术交底。

（十一）PC柱临时斜撑应在灌浆料强度达到35MPa时拆除。为了避免扰动PC柱，施工方采用先吊装上层叠合梁板，后灌浆下部PC柱的方法。实践证明，此灌浆法行之有效。

（十二）水平预制部品吊装

1.水平部品包括叠合梁、板及空调板、梯段板等。吊装时，应先吊装叠合梁，再吊装叠合板等水平部品；根据部品

重量，可分别选择塔吊或起重吊车吊装。

2.采用水平就位方式，即起吊钢丝绳长短一致，部品两端保持水平。起吊的绳索与梁板构件水平面夹角宜在45°~60°之间。吊装应采用缓慢起升、匀速平移和缓放的操作方法，不得出现急升急降现象。

3.吊装时应根据部品布置图及吊装顺序图吊装就位；水平部品采用组合横吊梁吊装，根据水平构件的宽度、跨度以确定受力是否均匀。

4.对跨度大于4m的叠合板部品，板中起拱高度不得大于板跨度的3‰。

（十三）检查装配式支撑体系是否与经审批的脚手架专项施工方案相符合。

（十四）施工中次梁与主梁搭接，主梁无预留槽口，如图7所示，导致出现打凿开槽现象。后经核查，是深化设计图出错，图中此处无预留槽口。监理要求将打凿叠合梁运回厂里作报废处理。

（十五）经检查叠合板与框架柱交接留缺处纵向受力钢筋未伸入柱内，如图8所示。整改方法是打掉预制板留缺边混凝土，单面焊接板筋长度10d，并锚入柱内≥15d，如图9所示。

（十六）叠合板没伸出锚固钢筋的一端板侧与梁之间应布置附加钢筋。设

图5 柱底设垫块图

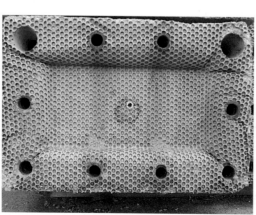
图6 PC柱底套筒预留孔，中间线管为溢浆孔

图7 叠合梁未留槽口图

图8 叠合板在框架柱留缺处无锚固钢筋伸入柱内

图9 叠合板在框架柱留缺处钢筋整改

计没注明的，应按规范要求布置直径不应小于10mm、间距不应大于600mm、伸入梁板长度≥15d的钢筋。

（十七）钢筋工为了便于绑扎梁钢筋，擅自将叠合板外伸锚固钢筋往下打弯成90°，致使叠合板与梁脱接，必须整改恢复原状。要求施工单位对钢筋班组加强教育和技术交底，严禁出现类似违规作业。

（十八）施工现场发现有的叠合板预留线管、洞口不符合设计要求或漏设预留洞口。要求用手提钻抽芯钻孔，严禁打凿开孔，严禁破坏钢筋。

（十九）预制梯段板采用先坐浆后安装法。梯段板用PVC管作预留定位孔，如图10所示。要求生产厂家安排人取出PVC管并凿毛混凝土侧壁，安装后用灌浆料填充密实。

（二十）因楼梯梁预留上下口净空尺寸不足，导致梯段板无法正常安装，造成人为剔除楼梯梁侧混凝土，有的甚至

图10 梯段板PVC管预留定位孔

将梯梁钢筋破坏，严重影响其结构安全。施工中要严格控制梁企口位置及尺寸，以便梯段板顺利安装。

八、墙板部品安装监理要点

（一）审核混凝土墙板或ALC墙板（即蒸压轻质混凝土板）专项安装方案。检查专用胶粘剂和嵌缝材料的强度等级是否符合设计及相关规范要求。

（二）审查ALC板安装排版图。应将门窗洞口、转角和丁字墙处优先排成整块板。板上留洞≤600mm，宜将洞口设置在两块板拼缝处；板上留洞>600mm，在洞口上部加设横向隔墙板过梁。

（三）ALC板易吸湿、吸水，故不得直接堆放在地面，需有防雨、防潮措施，以防ALC板受潮翘曲变形。

（四）采用垂直就位。墙板的规格、位置及固定方法必须符合设计及经总监审批的专项安装方案要求。

（五）墙板安装要平稳、牢固、顺直。检测墙板无变形、开裂和损坏现象。其垂直度、平整度和阴阳角方正度不得大于3mm。

（六）墙板下端与楼地面应留20～30mm缝隙，用不小于C20细石混凝土嵌填密实。板与墙、梁、柱连接端需留10～20mm缝隙；板面与板面之间拼缝宽度≤2mm。墙体两侧板涂刷粘结剂要密实饱满，安装时应以挤出胶粘剂为宜。邻板接缝高低差≤2mm。

（七）监理复核墙板安装控制线。合格后在复核单上签署监理意见。

（八）当内墙板与柱、墙、梁为柔性连接（如螺栓挂钩连接、钢角挂钩连接）时，宜采用岩棉耐火接缝材料填塞密实；若为刚性连接（如用型钢焊接）时，

用聚合物砂浆填塞密实。外墙板宜用沥青油膏发泡胶填充密实，避免渗漏。

（九）对外墙接缝应进行防水性能抽查，并作淋水试验。试验时，在屋檐下竖缝1.0m宽范围内淋水40分钟，形成水幕。无渗透为合格，对有渗漏部位应作修补处理。

（十）凡是穿过或紧挨ALC墙板的管道，需采取防渗漏措施，严禁出现渗水漏水现象。

（十一）当隔墙长度按墙板排列出现不足一块整板时，应按尺寸要求补板，补板宽度应不小于200mm。

（十二）清理接触面，墙根嵌缝应用不小于C20细石混凝土，3天后可拔出木楔，用同标号细石混凝土填充密实。

（十三）墙体暗敷水电管线，必须等墙板安装7天后才能进行。未经设计同意，不得随意在预制墙板上切割或开洞。对于漏设的洞口或线管，要先弹线，再用镂槽器等专用工具开槽，禁止破坏板的钢筋。水电管线安装后，用1：2.5水泥砂浆填塞密实，抹平。墙体拼缝及暗敷线管用耐碱玻纤格网布粘贴板缝两端各不小于100mm。与不同墙体连接处粘结，每边搭接不小于200mm。耐碱玻纤格网布粘贴前刷一道胶，再用抗裂砂浆平缝。

（十四）安装好的AIC墙板要有成品保护措施，防止被意外碰撞损坏。

（十五）要求施工单位先安装样板墙、样板间。经建设单位和监理单位验收合格，再大面积展开安装施工。

九、PC柱、墙板部品灌浆监理要点

（一）施工现场部品灌浆要按经总监审核的灌浆专项施工方案施工，灌浆作业

工人应持证上岗。要求施工单位班前对灌浆人员进行安全技术交底，并提出监理控制要点，防止操作人员触电和机械损伤。

（二）审核灌浆材料是否在保质期内，并提供出厂合格证及检验报告；审查灌浆机具使用性能、技术参数等是否满足现场灌浆要求。

（三）灌浆施工前，应模拟施工条件制作3个对中接头试件和不少于1组的灌浆料强度试件，接头试件和灌浆料试件均应标养28天。其试验结果均须≥85MPa。

（四）在灌浆前检查部品灌浆孔和出浆孔内有无影响浆料流动的杂物，确保孔路畅通。

（五）严格要求施工方按照特种砂浆生产厂家提供的配合比拌制灌浆料。周围环境温度不得低于0℃，高于30℃应采取降温措施。灌浆料随用随搅拌，搅拌完成后不得再次加水。剩余的拌合物不得再次添灌浆料和水混合使用。灌浆开始后，必须连续进行，不能间断。搅拌的灌浆料必须在30分钟内用完。灌浆中出现跑浆现象，应及时处理。每工作班用截锥试模及500mm见方的玻璃板检测灌浆初始流动一次，灌浆初始流动度宜控制在300～320mm之间，如图11所示。

（六）PC柱底成连通腔状，施工采用一孔灌浆法，实践证明，灌浆效果符合要求。PC柱应按浆料排出先后，依次用木塞或橡胶塞封堵牢固。若有漏浆，需立即补充流失的浆料。

（七）部品灌浆质量检验。部品灌浆密实饱满，所有出浆口均应出浆，如图12所示。

（八）剪力预制墙板应分仓封堵（根据构件特性选用专用封堵料封堵）在剪力墙靠保温板一边的外侧，用密封带封堵，灌缝。

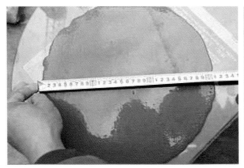 

图11 灌浆料初始流动检测图　　　　　　图12 PC柱灌浆后堵塞

（九）灌浆料同条件养护试块抗压强度达到35MPa（一般24小时后），方可进行后续施工。为了加快施工进度，避免吊装叠合梁板扰动灌浆料强度没达到要求的部品。施工方常采用先吊装上部PC梁板，后进行柱灌浆的办法。但严禁上部吊装二三层柱、梁、板后再灌浆。

（十）施工现场监理见证取样。每工作班取样不少于一次，每楼层取样不少于3次，每次抽取1组试件标养28天后进行抗压强度试验，其抗压强度≥85MPa为合格。

（十一）要求施工单位安排专职质检员全程跟踪灌浆，对每根灌浆柱拍影像资料，并填写灌浆质量检验记录。监理对灌浆操作过程实施旁站，并做好旁站记录。

结语

目前全国推行装配式EPC总承包模式。但牵头单位没有起到"领头雁"的作用，由其选择的构件生产厂家不能满足现场施工要求，彼此存在扯皮现象。施工图设计质量不高，尤其是装配式构件深化设计图质量不高、错误多。在招标文件或施工合同中宜明确要求驻地设计到位，以便及时提供技术支持并解决设计存在的问题。

在装配式建筑设计过程中，加强设计技术的研究和创新。将钢木复合结构及PC混合结构进行有效组合，进一步提高装配式建筑生命周期和抗震性能。健全标准规范体系，优化部品部件生产，完善部品部件的认证程序，提升装配施工水平。行业要推动校企合作，强化队伍建设；建立健全工作机制，加快推进建筑产业现代化，加大政策支持，全面推进工程建设全过程工程咨询服务。

监理企业要与时俱进，掌握并运用BIM和PC技术，有助于更好地开展装配式建筑监理工作。坚持横管及边，纵控到底；坚持严格监理，热情服务；坚持监理原则，不忘初心。展现监理才学和风采，誓将质安事故消灭在萌芽状态。

参考文献

[1] 国务院办公厅. 国务院办公厅关于大力发展装配式建筑的指导意见 [EB/OL]. [2020.6.1]. http://www.gov. cn/zhengce/content/2016-09/30/content_5114118.htm.
[2] GB/T 51231-2016 装配式混凝土建筑技术标准 [s]. 北京：中国建筑工业出版社, 2017.
[3] JGJ 355-2015 钢筋套筒灌浆连接应用技术规程 [s]. 北京：中国建筑工业出版社, 2015.
[4] JGJ 1-2014 装配式混凝土结构技术规程 [s]. 北京：中国建筑工业出版社, 2014.
[5] DBJ 43/T 301-2015 混凝土装配－现浇式剪力墙结构技术规程 [s]. 长沙：湖南科学技术出版社, 2015.
[6] GB 50204-2015 混凝土结构工程施工质量验收规范 [s]. 北京：中国建筑工业出版社, 2015.
[7] JG/T 408-2019 钢筋连接用套筒灌浆料 [s]. 北京：中国标准出版社, 2019.
[8] 李呈蔚. 蒸压轻质砂加气混凝土墙板施工质量的控制 [J]. 建筑工程, 2012(2).

浅谈地下工程防水做法与澎内传PNC803本体防水添加剂

贾美珍

山西亿鼎诚建设工程项目管理有限公司

澎内传本体防水添加剂（PNC803）以往用得不多，从设计到施工并不是都认可。主要是习惯了传统理念和惯用做法，对新材料认识不够，加之PNC803在施工过程中伴随着不可避免的混凝土质量缺陷，否定的声音一直不绝于耳。随着工程中不断的尝试，实践摸索，管理机构的力推，越来越多的案例数据统计和经济指标比对，人们对PNC803有了清晰的认识和判断，逐渐愿意接纳和采用。同时，针对PNC803本体防水添加剂的技术标准《PNC防水系统应用技术标准》DBJ 04/T351-2017出台，这一材料得以进一步推广应用。PNC803具有永久防水的特殊性，对于地下结构外墙防水，是理论上的首选。在地下工程防水中，采用PNC803后，化学反应生成的结晶体使混凝土致密，材料活性带来的自修复微裂缝能力是这一材料永久防水的关键技术特性。PNC803的防水机理独特，施工添加操作简单，适用范围广。

一、地下室防水工程常用设计做法

第一种做法是结构自防水混凝土，也就是结构和防水一体化。该种做法要求混凝土模板平整，拼缝严密不漏浆；当需用螺栓贯穿混凝土墙固定模板时，应采取止水措施，尤其是迎水面的防止水措施；若采用工具式螺栓（固定防水螺栓，拉紧固定模板）。拆模时，将工具式螺栓拆下，再以嵌缝材料及聚合物水泥砂浆将螺栓凹槽封堵严密。

第二种防水做法是防水砂浆刚性防水层，也就是防水砂浆或水泥基防水涂层。多用于地下砖石结构的防水层或防水混凝土结构的加强层。刚性防水层抗变形能力较差，有诸多条件限制，结构受较强烈振动、腐蚀、高温、反复冻融的部位都不宜采用。第三种做法是卷材柔性防水层，也是最常用的地下室外墙防水做法。采用高聚物改性沥青防水卷材和合成高分子防水卷材，柔性防水层的缺点是发生渗漏后，找漏堵漏较为困难。卷材柔性防水层在地下工程防水中，施工的铺贴方法按其与地下防水结构施工的先后顺序分为外防外贴法和外防内贴法两种。以上3种地下防水做法在各种工程中均有应用，各有利弊。

二、PNC803本体防水添加剂

近几年来，山西地区地下结构的混凝土结构自防水新型做法以破竹之势推广开来，越来越多的项目采用结构和防水一体化做法，各种防水添加剂材料接踵而至，PNC803就是典型的一种。其实说它是新材料只是以往用得不多，认识不够。PNC803在混凝土搅拌过程中添加，与混凝土拌合物中的化学元素发生结晶反应，生成的结晶体使混凝土更加致密。就添加PNC803的结构自防水混凝土而言，近3年在阳泉市地下工程防水应用已被逐渐认可，单位在建项目使用PNC803占比25%左右，效果良好。

（一）PNC803本体防水添加剂材料优势。PNC803是一种抗化学腐蚀能力强、无毒无味的水性环保材料。除了具有一般防水添加剂的特性，还有超强抗静水压力性、自修复性、抗裂性、耐久性，防水不受方向、气候条件限制，握裹保护钢筋，能提高施工工效等优点。PNC803防水材料最吸引人的地方，就是在混凝土搅拌站作为添加剂使用，既省去了现场操作配置的麻烦，还能减掉结构外防水设计施工工序，省时省力，环保节能。对于地下结构超深的防水外墙，省下的不仅仅是外墙防水工序的工、料、机，还节省了深基坑相关作业的安全和技术措施投入，不用再为外防水施工工序的安全和质量提心吊胆,不再受防水层工序制约,直接回填,虽然节省的不是关键线路工期,但可节省大量施工时间,也为参建各方省下了可观的管理费用,安全和质量风险大大降低。在经济效益方面,多项数据显示,虽然PNC803本体防水添加剂价格不菲,但与传统的地下防水工序以及相关费用综合比较,尚有明显的价格优势。

(二)PNC803本体防水添加剂材料的抗渗性。它是一种水泥基渗透结晶型防水产品,具有超强活性,添加了PNC803的混凝土具有持久高效的防水自保护能力。据资料显示,PNC803防水原理是源于产品中的活性化学物质,以水为媒抵御高强渗透,通过渗透压力水激活休眠状态的活性物质,水载扩散,与混凝土本体中的多种物质发生化学反应、相互作用,生成不溶于水的针状、枝蔓状结晶体,这些结晶体填充微裂缝,阻断毛细管,使得孔隙水无法继续进入,逆向倒逼形成整体防水屏障,将渗水路径全部堵塞,从而进一步抵抗混凝土界面压力水,防水止水一步到位。

(三)PNC803可以自修复毛细裂缝特性。PNC803抗渗性能优不难理解,其还有毛细裂缝自修复特点,必须重点阐述一下修复裂缝的程度。根据其产品说明书中介绍,PNC803的自修复性能体现在有水时再次反应封堵新裂缝,笔者认为这里所指的裂缝是肉眼看不到的,或者是细小的、非贯通的裂缝,修复原理同(二);产品说明书中还介绍,其可修复宽度不大于0.4mm的裂缝,这一裂缝自修复功能,需要表面涂刷堵裂,裂缝越宽涂刷封堵越重要。大于0.4mm的裂缝,就不能采取简单涂刷的办法,而是需要采用专项堵漏做法加深和加宽

裂缝处理范围。另外,裂缝断面晶体生长由表面活性颗粒控制,活性颗粒是有限的,如果表面活性粒子用尽,依靠更少量的从混凝土内部扩散作用增援的活性粒子扩散到裂缝表面,根本解决不了修复宽裂缝的需求,裂缝宽度和水压力对水化结晶产物的形成和形态影响很大,不可以依靠自修复理论对宽裂缝置之不理,尤其贯通裂缝的愈合,更应该双侧涂刷封堵。

三、添加PNC803也必须控制结构裂缝产生

混凝土结构强度增长过程,通过对混凝土的养护,水分源源不断地供给,在混凝土表面裂缝刚刚出现的时候,来不及扩展,就已经被结晶体封堵了,PNC803具有很好的抗裂性。需要强调的是,水是载体,发生结晶反应必须有足够的水分或足够的湿度,才能结晶沉淀,渗透结晶,裂缝愈合。这与混凝土结构浇筑初期需要养护是相辅相成的,并不是添加PNC803就高枕无忧,万事大吉了,墙体大裂缝、多裂缝的出现,与混凝土养护不到位关系密切。在传统的无添加做法下,裂缝控制施工措施到位,也不至于开裂;结构和防水一体化新做法下,结构开裂就太滑稽了,抗裂作用没有得到体现,防水会不会事与愿违,值得深思。一要保证PNC803材料质量、添加剂量;二要保证现浇混凝土初期环境温度、湿度;三是保证一般混凝土应有的抗裂措施。对于水池之类蓄水构筑物,裂缝控制更要严格,养护措施必须表现得更好。例如,某冬期施工地下室,采用PNC803,混凝土浇筑完成后暂停施

工,施工洞口封闭,电加热设备保温,带模养护将近一个月后拆模,外墙内侧面出现多条竖向细裂纹。分析原因是冬季气候干燥,地下室内温度高且没有足够湿度,因此出现的干缩裂纹。事实证明,添加PNC803后养护缺水,自修复抗裂无从谈起。

四、案例

2016年某公共建筑面积8000m²,地下2层,地上5层,地下水丰富,按设计要求采用了添加PNC803的结构自防水混凝土,地下工程完成后,业主始终过不了不做外防水的坎,生怕日后渗水影响地下室使用功能,复做防水层,形成了过度保护和浪费。其实有这种顾虑的业主很多,新材料的推广使用需要很长时间才能接受。2017年,开发区某住宅小区10栋,地下室和车库外墙、车库顶板均采用了PNC803的结构自防水,剪力墙出现了多条竖向裂缝,使用PNC401进行裂缝修补,至今未发现渗漏。2017年某保障房工程,所有地下结构采用了PNC803,未发现渗漏;2018年某大型工业建筑群,地下结构全部采用了PNC803,墙体内测不同程度出现竖向裂缝,外侧无裂纹迅疾回填,至今未发现渗漏。

总之,从理论上讲,PNC803防水理念新颖,技术要求和防水机理简单易懂,工程做法、缺陷处理方法简单易操作。实践数据证明其防水性能可靠,希望在若干年后,其永久防水性可以得到验证。

参考文献

[1] PNC防水系统应用技术标准DBJ 04/T351-2017.
[2] 14CJ54澎内传防水系统构造[S].北京:中国计划出版社,2014.

监理企业转型升级实践之初探

王神箭

湖南雁城建设咨询有限公司

一、发挥人才优势，增强企业核心竞争力，为工程建设提供全过程咨询服务

自从中国加入 WTO 以后，国外的咨询企业开始进入中国工程咨询市场，给咨询行业带来了新的理念。同时，也给中国工程咨询市场带来更多的竞争压力。为紧跟国际先进的工程建设咨询服务模式的步伐，中国开始对全过程工程咨询展开深入研究，推动国内工程咨询服务行业的健康和快速发展。2017 年以来国务院办公厅发布了《关于促进建筑业持续健康发展的意见》(国办发〔2017〕19 号)，住建部印发了《关于开展全过程工程咨询试点工作的通知》(建市〔2017〕101 号)。《意见》和《通知》首次在建筑领域明确提出全过程工程咨询的概念，并相继配套出台了相关政策，各级地方政府也先后制定了实施方案和办法。监理企业面临着咨询服务内容、服务方式、服务手段的大变革。工程建设咨询服务的这一变革，无疑给监理企业带来了新的挑战和发展机遇。

全过程工程咨询要求监理企业为建设单位提供工程建设周期内的前期策划、可行性研究、工程设计、招标代理、造价咨询、工程监理、施工前期准备、施工过程管理、竣工验收及运营保修等各环节的管理服务。当前，工程建设全过程咨询正在逐步试行"国家力推、协会指导、企业参与"的实验阶段。工程咨询市场变革的形势要求企业必须具备良好的品牌信誉、全面的专业技术和创新的服务内容。否则将会在激烈的市场竞争中丧失发展机遇。

中国大型综合监理企业都是技术密集型企业，聚集着地质勘察、建筑设计、建筑结构、工程建造、工程造价、工程监理等专业技术人才，这也是监理企业区别于其他行业企业的突出特点。监理企业要充分发挥自身的人才优势，积极参与工程咨询市场变革和竞争。依靠"尊重知识，重视人才"的用人理念，调动企业现有人才的积极性，增强人才在企业中的主人翁精神，使人才自觉形成"立足岗位，服务社会，报效国家，奉献人民"的强烈意识和责任感。同时，企业还应该从工作、学习、生活各个方面关心体贴企业人才，让他们在企业的发展中拥有获得感和幸福感，从而营造出"前景引人，事业诱人，待遇留人，情感动人"的浓厚人文关怀氛围。让人才愿意扎根企业，奉献建设工程咨询事业，主动适应市场变化的新形势、新要求和新常态，不断创新服务，实现自己人生价值，激发人才活力，有力地促进和增强企业的核心竞争力，满足市场对各自专业的需求，使企业具有较强的核心竞争力。

监理企业是技术密集型企业，拥有丰富的技术人才。因此，监理企业就更应该自觉发挥人才优势，适时调整经营战略，针对建设工程咨询服务改革的新形势，制定发展全过程咨询服务的经营战略，推行全过程咨询服务模式，在公司内部组建项目咨询团队。这个团队应包括与全过程咨询服务相对应的规划管理部、设计管理部、招标采购部、投资管理部、合同管理部、信息管理部、综合协调管理部。各个部门充分运用所掌握的信息数据、分析方法以及类似工程经验，紧紧围绕项目全过程咨询服务，为项目单位及业主解决工程咨询中遇到的各种问题，让项目单位及业主感受到建设工程咨询企业提供的全面、细致、周到、方便的咨询服务；或者与当地信誉好、技术优势强、市场份额大的优秀咨询企业共同组建联合体发展全过程咨询服务。通过积极拓展建设工程全过程咨询业务，逐步实现监理企业的转型升级，让企业人才在全过程咨询服务过程中得到磨砺和锤炼，从而培养一批国内、省内具有先进水平的全过程工程

咨询专业人才，不断积累发展全过程咨询业务的经验，率先将开展全过程咨询服务获得的宝贵经验进行归纳和总结，为行政主管部门的决策提供参考依据，并逐步将取得的经验进一步完善，上升成为当地咨询行业的新标准，真正成为建设工程咨询行业转型升级的弄潮儿。

湖南雁城建设咨询有限公司原是衡阳市建设局下属的二级机构，自1998年实行企业改制以后，在社会各界的大力支持下，经过"雁城人"20多年的不懈努力，公司已发展成为集工程建设监理、工程招标代理、工程技术咨询于一体的综合性建设咨询服务集团。拥有建筑师、结构师、造价师、建造师、监理师、咨询师等门类齐全的建设工程技术人才。在近几年咨询市场激烈的竞争中，公司充分发挥人才、技术、专业优势。认清形势，主动适应全过程工程咨询要求，调整经营战略，在公司内部组建全过程咨询项目团队，实施全新的工程咨询模式，主动投入监理企业转型升级的变革，积极开辟全过程咨询服务市场。2017年以来，公司承担了衡阳市首个实行全过程咨询服务的政府投资项目试点任务。本着"技术全面、管理严格、服务周到、质量至上"的宗旨，为项目单位提供优质的全过程咨询服务。项目综合团队充分运用信息数据、分析方法及类似工程经验认真为项目业主做好规划、立项、科研、方案、设计、勘察等项目前期的协调工作，解决工程咨询过程中遇到的问题，使业主从复杂烦琐的事务中抽出身来，集中精力更好地承担项目主体责任；在项目施工过程中严格做好质量、进度、投资控制和安全、信息管理，确保工程建设目标的落实；在项目

完工后配合相关单位做好档案整理和竣工备案工作。细致、热情、周到、完善的服务，为实现衡阳建设领域"十三五"规划目标作出了贡献，受到市政府和建设业主的广泛好评。同时，也为促进衡阳咨询行业持续、健康、稳定的发展探索了新的出路。通过近几年咨询服务差异化、多样化的转型升级，公司出现了经济效益和社会效益双丰收的良好局面。

二、发挥技术优势，把握监理企业转型趋势，走差异化发展之路创新咨询服务方式

监理企业拥有建筑行业中高素质的专家队伍，绝大部分技术人员专业素质过硬，技术经历丰富，许多经管的建设项目都获得了国家建设领域最高奖和省级建筑行业名优奖。同时，许多人员还是相关行业的专家或学术权威。监理企业要充分利用自身的技术优势，分析和评价市场变化对企业内部条件提出的新要求，有针对性地制定实现差异化发展的战略目标和行动方案，使监理企业能够不断适应市场要求，具备永续生存和持续发展的能力。

（一）利用企业技术特色，拓展新的咨询领域

监理企业在咨询服务市场中，依靠特有的企业文化和服务理念，形成了一定信誉和品牌，积累了各相关专业的技术人才。在当今科技飞速发展、社会分工更加细化的时代，人才就是企业创新永恒的动力。

自党的十八大确立了中国新农村建设的目标以来，出现了更多农村人口向城市转移的现象。为有效发挥进城农民土地资源效应，政府出台了让农民稳定

增加收入的政策，鼓励农民将闲置土地通过流转，开展规模化、集约化、现代化的农业经营模式为农民增加收入。土地流转将使农村土地经营利用规模扩大，使农业生产取得规模效益，增加农民收入，逐步缩小城乡之间的差距。近几年来，在中国县区出现较大的土地整理工程，即对农村耕地、园地、林地、牧草地、城镇建设用地、交通水利用地等进行整理，出现了较多的土地整理工程项目。一批具有敏锐洞察力的监理企业率先在当地相关部门取得了土地整理咨询业务资质和备案手续，抢占了这一市场的先机。

湖南省是中国的丘陵地区，其农业用地达1829.3万公顷，其中耕地和林地面积分别为413.5万公顷和1229.6万公顷（其他占地186.5公顷）。在新农村建设战略实施进程中，农民的土地流转后进行规模化经营，必须先对原有耕地和林地进行整理。湖南一批技术实力雄厚、信誉良好、品牌闻名的咨询企业调整企业发展思路，将农村土地整理工程咨询业务作为差异化的突破口，以企业的技术优势和品牌优势与当地政府进行良好的沟通，其服务理念、技术水平、服务态度得到了当地政府的认可，政府在企业间建立了土地整理咨询业务相对稳定的合作机制。为咨询企业差异化发展提供了良好的空间和平台。

湖南雁城咨询有限公司注册在湖南省中部地区衡阳市境内，衡阳市是湖南省第二大城市，下辖7县5区。雁城咨询有限公司以在衡阳建设咨询市场打拼20多年形成的良好声誉和企业品牌，率先在咨询企业差异化发展方面进行探索，将农田土地整理咨询业务作为企业差异化经营的战略，与衡阳各县、市、区政

府建立农田土地整理业务联系机制。以良好的声誉、较强的技术、过硬的作风为项目单位提供优质服务，受到项目单位的一致好评。近几年来，公司已占据了衡阳农田土地整理咨询业务市场份额的40%，取得了可喜的成绩，仅企业农田土地整理咨询业务年收入就达数百万元，使企业在差异化发展的道路上迈出了坚定的步伐。

（二）发挥项目运作优势，尝试项目建设代建制

党的十八大以来，确定了"五位一体"的总体布局和"四个全面"战略布局，大力推进中国国民经济结构性改革，充分发挥市场在资源配置中的决定性作用。使各级政府从项目工程建设中松绑放手，让建筑市场决定工程建设资源的优化配置，将建立有效、依法保障、健全的新型投融资体制作为建筑领域深化改革的目标。在加强政府投资项目建设管理上，要求严格按照概算执行并进行造价控制，健全概算审批、调整等管理制度。进一步完善政府投资项目代理建设制度，不断改革政府新的项目建设体制。目前，湖南省政府为提高项目投资效益，确保项目的质量、投资和工期在合理的范围，出台了《湖南省投资改革管理办法》，其中明确要求，凡政府项目在3000万元以内必须实行代建制。这就为监理企业发展和转型提供了新的机遇和市场。

目前，在中国一个工程项目的建设，前期手续程序和办理流程，需要经过数十个相关部门审批，项目事务流程非常烦琐，而建设单位对项目申报的各项手续流程都不了解，仅要办好项目报建所需手续，就需要花费项目建设管理人员大量的精力和时间，当报建手续遇到一些职能重叠、职责交叉的部门时就很难继续下去，往往需要很长一段时间，经上级领导协调批示后方可继续推进。而监理企业在项目建设领域摸爬滚打了很长时间，比较熟悉各相关部门的程序，并对各环节流程驾轻就熟。监理企业熟悉建筑专业领域的优势，也是监理企业有别于项目单位最明显的社会资源优势。因此，监理企业应该充分运用这方面的优势，为项目建设单位提供工程咨询的附加服务，不断通过为建设单位提供建设咨询服务，取得建设单位对项目咨询服务的信任度和满意度，在当地乃至全省和全国形成项目咨询服务企业的品牌。

湖南雁城建设咨询有限公司自2015年以来，依托企业的技术优势和品牌效应与衡阳当地的咨询企业形成联合体，率先在衡阳市承担了"中粮储"代建项目业务，开创了衡阳市咨询行业首个代建项目的先河。雁城咨询的代建项目联合体，在代建业务开展过程中，为建设单位承担了从项目勘察、设计、施工、监理及设备材料采购招标等活动，同时，配合项目单位进行工程合同的洽谈与签订，并将招投标情况、签订的合同报发改委、财政和相关行业管理部门备案，避免了项目单位在工程建设中疲于奔波、效率不高、周期过长的现象发生。截至目前，湖南雁城建设咨询有限公司已在衡阳市承担了3个代建项目，取得了较好的经济效益和社会效益。所以，监理企业应该始终坚持以"质量为基础、诚信为根本、服务为手段、科学为标准"的理念，切实提高企业的服务水平。工程监理服务质量的优劣就决定了监理企业生存和发展的前景，这也是市场提出的必然要求。

（三）发挥企业人才优势，协作开展建筑技能培训

随着中国人口老龄化时代的来临，建筑市场出现劳动力断层和短缺现象。因此，为满足建筑行业对劳动力的需要，从业人员大多依靠农村剩余劳动力和其他行业富余人员来充实和弥补。但他们普遍文化程度偏低，没有经过职业的培训，而且这些劳务民工在建筑岗位上没有职业规划，抱着做一天算一天的随意心态，不愿意花时间、花资金专门进行建筑专业技能的培训。因而，在施工操作过程中不按规范要求，随意作业，粗制滥造，致使建筑产品品质不高，甚至酿成安全事故。尤其在当今科学技术日新月异的时代，建筑领域为紧跟科技脚步，亦不断运用"四新技术"——新材料、新工艺、新技术、新设备，以及BIM技术、装配施工技术等现代化施工技术，来保证和提高建筑产品质量，降低成本资源消耗，缩短建设周期，提高建筑业的专业技术水平。但在实际建筑工地上却有大量没有经过专门培训的人员参加施工作业。因此，加强建筑行业职业技能培训对保证建筑工程质量安全，促进建筑业的健康发展具有十分重要的意义和现实作用，这就为发展建筑业职业技能培训提供了商机。而监理企业具有丰富的人才资源，拥有大批在施工现场带班作业多年的工程师，他们具有扎实的理论基础和丰富的实践经验，同时，他们都取得了国家注册建造师资格证书。在全国咨询市场竞争日益激烈的情况下，监理企业应充分发挥人才优势，创新企业服务方式，与建筑总承包单位建立从业人员建筑技能培训合作机制，同施工单位签订建筑从业人员职业技能培训合同，针对施工单位从业人员技能的实际

情况制定行之有效的培训计划，为施工单位承担培养从业人员建筑技能的任务。委派专人到施工现场对从业人员进行施工规范、工作流程、操作要领的讲解，切实增强班组从业人员的建筑操作技能，提高从业人员的素质和安全意识，为监理企业创造新的服务内容和经济增长点。

湖南雁城建设咨询有限公司是湖南省内建设咨询企业的品牌单位，具有较好的社会声誉。在湘南地区与大部分建筑承包商有着密切的工作关系。公司利用企业拥有大量建筑人才和广泛资源的优势，与多家建筑承包单位及劳务分包签订从业人员建筑技能培训合同，认真做好项目施工现场建筑从业人员的培训工作，使从业人员基本了解和掌握现场施工规范、技术要求、安全知识、操作要领等方面知识，让建筑从业人员上岗前必须做到"懂规范、知流程、精操作"。几年来，公司在这方面进行了大胆的实践和探索，在实现监理企业多样化发展的道路上迈出了尝试性的脚步。为当地多个建设项目工地培养了合格的建筑从业人员，确保了项目建设目标的实现。同时，亦获得了多样化服务带来的额外收益。受到了项目建设单位、施工单位及主管部门的称赞和肯定。

结语

随着中国建设市场经济体制改革的进一步深化，项目投融资渠道的多元化，以及项目建设主体不再是由政府唱独角戏，大量社会资金业主在投资舞台上纷纷扮演重要角色，使传统的监理企业面临着更加激烈的竞争。所以，监理企业必须审时度势，根据面临的形势，准确确定企业发展方向，在为项目业主提供工程咨询服务的内容和形式上作出新的突破。增强企业全方位、多样化、全过程的咨询服务能力，将过去单一的施工监理服务，向工程建设前期、后期两端延伸，切实优化工程咨询服务环节，为传统监理企业转型升级创造条件，真正发挥监理企业属于拥有智力密集型人才企业的积极作用，打破长期以来所形成的思维定式，逐步从传统的阶段性咨询服务走向全过程咨询服务。真正形成一切以项目业主为中心的思想理念，将工作重心转移到注重咨询服务品牌和服务质量上。工程咨询服务质量的优劣取决于咨询服务人员的综合素质和能力。因此，优秀的监理企业只有通过不断增强人才这一核心竞争力，取得异于其他企业的差异化咨询服务收入，才能使过去单一的监理企业在激烈的市场竞争中实现转型升级。

参考文献

[1] 杨学英. 监理企业发展全过程工程咨询服务的策略研究[J]. 建筑经济, 2018, 39 (3).
[2] 张毅. 监理企业面临的问题及思考[J]. 建设监理, 2006 (4): 21—22.

关于工程监理企业开展全过程工程咨询服务的思考

赵良

北京兴油工程项目管理有限公司

一、工程监理企业开展全过程工程咨询服务现状分析

（一）国家相关政策和要求

2008 年 11 月，住建部印发了《关于大型工程监理单位创建工程项目管理企业的指导意见》（建市〔2008〕226号），鼓励创建单位在同一工程项目上为业主提供集工程监理、造价咨询、招标代理为一体的项目管理服务，加大对创建单位的扶持力度。

2017 年 5 月—2018 年 3 月，住建部陆续印发了《关于开展全过程工程咨询试点工作的通知》（建市〔2017〕101号）、《关于促进工程监理行业转型升级创新发展的意见》（建市〔2017〕145 号）、《关于定期报送贯彻落实促进工程监理行业转型升级创新发展意见进展情况的通知》（建办市函〔2017〕744 号）、《关于推进全过程工程咨询服务发展的指导意见》（建市监函〔2018〕9 号），鼓励监理企业在立足施工阶段监理的基础上，向"上下游"拓展服务领域，提供项目建设可行性研究、项目实施总体策划、工程规划、工程勘察与设计、项目管理、工程监理、造价咨询及项目运行维护管理等全方位的全过程工程咨询服务。同时要求政府和国有投资项目带头推行全过程工程咨询，进一步完善中国工程建设组织模式，推进全过程工程咨询服务发展。

（二）工程监理企业开展全过程工程咨询服务优势分析

1. 企业优势

在住建部发布《关于大型工程监理单位创建工程项目管理企业的指导意见》之后，一大批工程监理单位创建工程项目管理企业，具备工程监理、招标代理等资质，开展项目，实施总体策划、设计审查、项目管理、工程监理、造价咨询、招标代理等服务，为开展全过程工程咨询服务创造了良好条件。

2. 实践优势

部分工程监理企业通过承担大量的 PMC、IPMT 项目，为业主提供项目全过程或部分阶段的项目管理服务，积累了一定的项目管理经验，造就了一批开展全过程工程咨询所需的人才，为工程监理企业开展全过程工程咨询服务打下了坚实的基础。

3. 市场优势

随着"一带一路"倡议的深入推进，新能源的开发利用，油气战略通道的建设，一大批重点工程即将开工建设，以集团公司天然气发展规划为例，计划到 2025 年建成天然气管道 7.5 万公里，LNG 接收站接收能力 5700 万吨 / 年，储气库有效工作气量 235 亿立方米，为工程监理企业开展全过程工程咨询服务提供了难得的机遇。

4. 整体协调优势

中石油集团公司工程建设企业重组，成立中油工程项目管理公司，管理系统内 5 家工程监理企业，发挥整体协调作用，推动高端化业务发展，打造集约化、专业化和一体化优势，为工程监理企业开展全过程工程咨询服务提供了保障。

（三）工程监理企业开展全过程工程咨询服务劣势分析

1. 服务范围不足

大部分工程监理企业服务范围还停留在初步设计批复之后，试运投产之前，尚未将其服务范围前延至可行性研究，后延至项目后评价，不能适应和满足全过程、全方位的工程项目管理服务需求。

2. 服务内容不深

大部分工程监理企业服务内容主要包含项目实施阶段质量、HSE、计划、费用等管理，尚未向业主提供设计咨询、办理依法合规手续、招标代理、HSE 监督、造价咨询、投产运行管理、竣工验收管理等专业化服务。

3. 高端人才不足

大部分工程监理企业技术与管理人

员主要集中在施工阶段，项目管理策划、技术和管理方案的制定与评审、设计咨询、造价咨询、投产运行管理等方面的高端人才缺乏，对业主的技术与管理咨询支持力度不高，不能全方位满足业主的需求。

4. 管理手段单一

只有少数工程监理企业开发和应用工程项目管理信息系统，但基础数据积累不足，技术与管理仍然停留在依靠经验上，对项目执行过程存在的风险预计不足，风险规划应对措施不全面，难以得到业主的全面授权。

（四）项目案例分析及启示

1. 项目简介

大唐煤制气管道北京段工程线路总长110km，管径914/1016 mm，设站场3座，阀室8座，沿线山体隧道穿越2处，大中型河流穿越15处，铁路穿越4处，公路穿越10处。项目于2012年7月12日开工建设，2013年12月18日试运投产，2017年9月27日通过竣工验收。项目采用"业主+PMC（含监理）+EPC"模式，北京兴油工程项目管理有限公司承担PMC项目管理及工程监理工作，并获得北京市优秀项目管理成果二等奖和中石油集团公司"青年文明号"称号。

2. 项目特点分析

1）项目管理范围和内容比较充足

PMC项目管理范围较广，跨度较大，从项目核准、专项评价、勘察设计、采购、施工、试运投产、专项验收、决算审计、竣工验收直至项目后评价，参与了项目全过程管理。项目管理内容较多，介入较深，主要包括设计审查、采办管理、外协管理、计划管理、投资控制、合同管理、质量管理、HSE管理等内容。

2）应用工程项目管理信息系统

针对本项目特点，PMC收集各种基础数据，开发工程项目管理信息系统，制定工程动态、通知公告、文件报审、无损检测管理、不符合项管理、采办管理、设计管理、计划管理、QHSE管理、工程记事、竣工资料等模块，并对各参建单位进行培训，充分识别项目执行过程中的各种风险和偏差，使工程信息得以有效传递，提高项目管理工作效率。

3）项目建设依法合规

工程建设期间，项目严格按照基本建设程序，做到了依法合规。项目于2012年2月17日取得核准，在开工前办理完成专项评价、规划许可手续、安全设施设计审查、招标确定承包商等工作，在试运投产前办理完成防雷防静电、压力容器、消防、环境等手续，在竣工验收前完成专项验收、工程结算、决算审计等工作。

4）项目管理人员业务水平较低

该工程PMC项目管理人员多为年轻人，没有经历过扎实的基础管理工作，项目管理经验较少，专业技能和综合素质水平较低，随着项目管理工作的有序推进，通过不断的培训交流和实践锻炼，PMC项目管理人员工作能力有了一定的提高，逐步满足项目管理实际要求，并得到业主的认可。

3. 项目案例启示

大唐煤制气管道北京段工程PMC项目管理案例启示如下：

1）PMC项目管理服务的范围和内容接近于全过程工程咨询服务的范围和内容，为工程监理企业开展全过程工程咨询服务提供了坚实的业务保障。

2）PMC项目管理人员业务水平较低，还需要通过项目实践锻炼、培训学习等方式培养一批能提供项目管理策划、设计咨询、依法合规咨询、HSE监督、造价咨询、运行投产管理、竣工验收管理等方面的人才，为工程监理企业开展全过程工程咨询服务提供坚实的人才保障。

3）在大唐煤制气管道北京段工程PMC项目之后，由于缺少实施政策和市场引导，PMC模式没有得到全面推广与应用，为工程监理企业开展全过程工程咨询服务敲响了警钟。

二、工程监理企业开展全过程工程咨询服务标准设计

（一）定位

1. 全过程工程咨询作为集团公司工程建设领域的高端业务，集团公司为应对全过程工程咨询业务的发展提供全面支持，扶持和培育工程监理企业利用集团公司平台，通过重点工程建设项目实施全过程工程咨询服务试点，逐步打造全过程工程咨询服务优势企业，响应国家关于全过程工程咨询服务发展的政策号召。

2. 工程监理企业应当具备初步设计之前的前期工作能力，为项目业主提供决策支持；具备试运投产之后的后期工作能力，为业主提供运行投产、竣工验收、后评价等管理支持；具备全过程工程管理能力，按照合同约定承担一定的管理风险和经济责任，逐步把项目业主从工程过程管理中解脱出来。

3. 工程监理企业应担当推行全过程工程咨询服务的重任，精选队伍，培育人才，提升能力，确保全过程工程咨询服务高质量的实施。

（二）基本条件

工程监理企业开展全过程工程咨询服务应该具备以下基本条件：

1. 具有工程项目管理策划、造价咨

询、依法合规咨询、招标代理、勘察设计管理、采购管理、工程监理、施工管理、运行投产管理、竣工验收管埋等方面的服务能力，能代表业主对工程项目的质量、安全、进度、投资、合同、信息、环境、风险等方面进行全过程或分阶段管理。

2. 具有与全过程工程咨询服务相适应的组织机构和管理体系，在企业的组织结构、专业设置、资质资格、管理制度和运行机制等方面满足开展全过程工程咨询服务的需要。

3. 掌握先进、科学的项目管理技术和方法，拥有先进的工程项目管理软件，具有完善的项目管理体系文件和基础数据库，能够实现工程项目的科学化、信息化和程序化管理。

4. 拥有配备齐全的专业技术人员和复合型管理人员构成的高素质人才队伍。配备与开展全过程工程咨询服务相适应的一级注册建造师、一级注册结构工程师、一级注册建筑师、注册监理工程师、注册咨询工程师、注册造价工程师、注册安全工程师等职业资格人员。

5. 培养良好的职业道德和社会责任感，遵守国家法律法规、石油石化工程行业标准规范，科学、诚信地开展全过程工程咨询服务。

（三）主要工作内容

1. 项目前期阶段

根据业主提出的项目技术标准、经济技术参数和项目建设要求，进行项目总体部署，编制项目实施计划、项目管理程序，组织开展项目可行性研究和勘察设计，协助业主办理项目核准或备案、专项评价、规划许可、土地征用等有关手续，组织承包商招投标以及物资采购等工作。

2. 项目实施阶段

协助业主完成项目各个环节的相关

审批工作，负责项目建设、运行投产的组织、协调，提供项目管理和技术服务，对项日质量、安全、投资、进度等讲行有效管理，确保项目建设目标的实现。

3. 项目收尾与验收阶段

组织项目安全设施、环境保护、水土保持、职业卫生、消防等专项验收，以及工程结算、档案验收等工作。配合开展项目决算审计、竣工验收以及项目后评价等工作。

三、工程监理企业开展全过程工程咨询服务措施建议

（一）创造良好的政策和市场环境

工程监理企业开展全过程工程咨询服务，需要得到集团公司的支持。只有让工程监理企业开展全过程工程咨询业务，才能使工程监理企业在实践中成长，并逐步走向成熟和完善。根据住建部《关于推进全过程工程咨询服务发展的指导意见》（建市监函〔2018〕9号）的要求，集团公司积极协调项目业主开放全过程工程咨询业务市场，为工程监理企业开展全过程工程咨询服务创造良好的环境条件。为此，建议集团公司采取如下措施：

1. 开展全过程工程咨询项目试点。在集团公司投资新建的长输管道工程、LNG接收站工程、炼化工程和海外油气田开发工程等大型工程项目中，各选择一个重点项目实施全过程工程咨询服务试点。

2. 制定全过程工程咨询取费标准。集团公司投资新建的大型工程项目，投资估算或概算应单独列出全过程工程咨询服务费用，专款专用。全过程工程咨询服务的酬金可按各项专项服务的费用

叠加并增加相应统筹费用后计取，也可按照国际上通行的人员成本加酬金的方式计取。

3. 加大组织协调力度。集团公司油气核心业务企业和工程监理企业分属两个不同的系统，为加强两个系统之间的协调，集团公司研究制定开展全过程工程咨询服务的政策和规划，并组织实施，对工程监理企业开展全过程工程咨询服务进行持续性研究，分析工程监理企业开展全过程工程咨询服务过程中存在的问题并制定应对措施。

4. 建立技术标准和合同体系。研究建立全过程工程咨询服务技术标准体系，促进全过程工程咨询服务科学化、标准化和规范化；发布全过程工程咨询合同示范文本，保障合同各方的合法权益。

（二）提升工程监理企业自身能力

打铁还需自身硬，工程监理企业开展全过程工程咨询服务，需要提升自身资质和业务能力。

1. 通过与勘察设计企业、工程咨询企业重组或全过程工程咨询项目实践，逐步取得工程咨询、勘察设计、造价咨询等资质，完善开展全过程工程咨询服务所需的企业资质。

2. 建立全过程工程咨询业务核心队伍，培养一定数量的技术与管理专家，扩大与开展全过程工程咨询服务相适应的职业资格人员规模，为全面开展全过程工程咨询服务提供充足的人才保障。

3. 通过全过程工程咨询项目实践，制定适合项目运行的全过程工程咨询项目管理体系，形成项目标准化管理体系文件。

4. 建立全过程工程咨询数据库和项目管理系统，完成技术基础工作积累，逐步具备项目管理技术开发与应用能力。

浅谈监理企业转型发展过程中亮点服务模式的树立

赵中梁

山西煤炭建设监理咨询有限公司

在中国加快经济结构升级，转变经济发展方式，产业结构优化调整，提升科技创新能力，进一步深化改革开放的新形势下，能否抓住新机遇，进一步提升监理行业的创新发展能力，是每一个监理企业，也是每一个监理人所要面对的课题。

其实，对于监理行业的转型升级和创新发展，在国家政策方面已经指明了方向。在住建部发布的《住房城乡建设部关于促进工程监理行业转型升级创新发展的意见》（建市〔2017〕145号）文件中明确指出："引导监理企业服务主体多元化，鼓励支持监理企业为建设单位做好委托服务的同时，进一步拓展服务主体范围，积极为市场各方主体（包括政府、保险机构等）提供专业化服务。"本文就结合本文件相关内容对监理企业转型升级、创新发展过程中亮点服务模式的开发基础条件、开发具体操作意向，以及模式树立进行简要论述。

一、监理创新亮点服务模式的开发基础条件

（一）首先从大方向、大范围内明确一些监理服务亮点模式开发的初步意向，具体操作可采用头脑风暴法，邀请一些专家学者和社会人士进行座谈、讨论，各抒己见，集思广益，出谋划策，然后对专家学者和各界人士意见进行总结、论证和分析，最后结合企业自身特点和市场需求明确亮点服务开发模式。

（二）找准市场定位，明确大众化服务主体，并深入研究服务主体特点，了解市场服务需求。可从开发绿色监理和提高人文关怀服务满意度出发，以质为本，以精求进。

（三）做好可行性研究和市场调研工作，没有调查就没有发言权。亮点服务模式开发意向确定后，要从模式技术的可操作性、服务实用性以及所产生的社会和环境效益等方面展开可行性研究和市场调研。不但是市场现状调研，还要对市场未来发展趋势进行分析，用数据和研究作依据，市场和发展作参照，不能盲目发展，为创新而创新。

（四）在保证企业自身自主发展的基础上去开发亮点服务模式，不能本末倒置，摊子不能铺得太大，战线不能太长，要做到进退自如。监理企业在创新亮点服务模式开发过程中，一切要从实际出发，量力而行，循序渐进，不能操之过急，做到稳中求进，方能达到事半功倍的效果。

（五）监理企业的"产品"输出是技术服务和技术咨询，优势力量也是技术，所以监理企业创新亮点服务模式的开发就要在技术上做文章。监理企业要在充分发挥自有传统优势和人才结构，以及技术性服务特点的基础上，努力创新，积极开发和研究。

（六）加强与各地区、各领域、各类型监理企业之间的互访和考察，互通交流，取长补短，共同发展。同时积极参与各级别、各行业监理协会举办的主题研讨会和学术交流会，热情讨论，敞开研究，共谋创新。在此学习和总结的基础上，逐步探索和开发独具企业特色的创新服务亮点模式。

（七）监理企业创新亮点服务模式的开发和树立应在遵守法律、法规和相关工程技术强制性标准的基础上进行。例如，在工程监理基础上实施工程造价咨询服务，必须依法取得工程造价咨询业务的相应资质；实行招标代理，必须按要求具备相应的资格条件等。因此，在建立一个监理创新服务亮点模式的初步意向完成后，可通过聘请法律顾问或以法律咨询的形式，就亮点模式建立的程序性、内容的严谨性、实施的规范性等方面进行法律评估。经确认符合法律、法规及相关工程技术强制性标准后，方可具体实施。

二、监理创新亮点服务模式开发操作意向

对于监理企业转型升级、创新发展的服务模式，住建部发布的《住房城乡建设部关于促进工程监理行业转型升级创新发展的意见》（建市〔2017〕145号）文件中也给予了方向性指引，那就是鼓励监理企业在立足施工阶段监理的基础上，向"上下游"拓展服务领域，提供项目咨询、招标代理、造价咨询、项目管理、现场监督等多元化的"菜单式"服务。以下笔者就结合国家政策导向和个人见解对工程监理服务创新亮点的一些具体操作模式进行阐述。

（一）建立基于互联网的信息处理平台和BIM管理模式，实施可视化、精细化和信息化监理

当今时代，信息处理已逐步向电子化和数字化的方向发展，而在工程领域，信息处理已由传统方式逐渐向基于网络的信息处理平台方向发展。以建筑工程项目的相关信息数据为基础，通过数字信息仿真模拟建筑物所具有的真实信息，通过三维模型，实现建筑业精细化、信息化管理的BIM管理技术，已在建筑行业得到逐步推广。而在住建部组织编制的《2016—2020年建筑业信息化发展纲要》中也提出："十三五"时期，要全面提高建筑业信息化水平，着力增强BIM、大数据、智能化、移动通信、云计算、物联网等信息技术集成应用能力。所以监理企业要以此为契机，积极建立基于互联网的信息处理平台，大力发展BIM技术管理模式。企业若要迎接新的挑战，在新的竞争环境中取得持续性发展，就必须适应新形势下新的发展要求，改革创新，与时俱进，而实施可视化、

精细化和信息化监理，就是监理企业未来发展的必由之路。

（二）践行绿色发展理念，积极发展环境治理和装配式等低碳工程结构监理

当前，中国正处于经济结构转型升级的关键时期，随着经济的发展，中国的环境问题也越来越被重视。进入新时期，习近平总书记高度重视生态文明建设，提出了"绿水青山就是金山银山"这一重要理论。党的十九大报告全文十三个部分里，有三个部分论述了"绿色发展"的有关内容。报告全面阐述了绿色发展的时代背景、现状、理念、建设重点和目标等，成为中国未来一段时期绿色发展的行动指南。国务院也于2016年11月15日通过《"十三五"生态环境保护规划》，部署"十三五"生态环境保护工作，推动绿色发展改善人民生活。所以在国家环境保护和未来发展的大方针下，监理企业也要增强环境保护意识，牢固树立社会主义生态文明观和绿色发展理念，积极转变传统的建筑观念和思路，在国家绿色发展政策的指引下，大力发展环境保护和装配式等低碳工程结构监理。

（三）成立项目管理分公司或专业项目管理部门

监理企业可通过内部抽调和市场招聘形式，集中一批专业化的项目管理人才，并划拨专项资金，成立项目管理分公司或专业的项目管理部门，进行项目管理模式研究、探索和试点，在实践中发现问题，寻找不足，不断完善和补充企业能力，逐渐形成一条符合企业自身发展要求的成熟体系，为今后企业实施全方位项目管理打下坚实基础。笔者认为，监理企业实施项目管理起步阶段，可从以下模式着手实施：

1. 建立工程监理与项目管理一体化

服务。工程监理单位在实施建设工程监理的同时，为建设单位提供项目管理服务。由同一家工程监理单位同时为建设单位提供建设工程监理与项目管理，既符合国家推行建设工程监理制度的要求，也能满足建设单位对于工程项目管理专业化服务的需求。

2. 建立服务主体为建设单位之外的项目管理服务体系。监理企业在进行项目管理创新过程中，应不拘一格，勇于开拓，可以创立一些以施工单位、房地产开发企业以及各类制造企业等为主体的项目管理服务体系。当然，以上模式是在不同时兼任本项目建设单位项目管理的基础上实施。

（四）利用自身技术优势成立专业的培训部门

笔者在工程项目监理过程中，被建设单位邀请去授课，虽然是无偿授课，但通过这样的活动，无形之中扩大了对监理的宣传，也增加了监理效应，这也说明监理企业利用自身技术优势成立专业培训部门是有市场需求的。监理企业成立专业培训部门，可通过内部发掘和培养一批口才出色、沟通能力强、学术扎实、思维敏捷的人担任讲师，再辅以外聘行业领域内专家、学者的方式参与授课。同时加大投入，配备现代化、科技化、信息化的讲课硬件设备和软件系统。监理企业的培训面向建设单位，可提高企业宣传和监理服务满意度；监理企业的培训面向企业内部，可提升员工的各项综合素质；监理企业面向社会的培训，可以提高企业知名度，增加市场效应和经济效益，可谓一举三得。

（五）开拓工程造价咨询业务，为实施全过程集成化项目管理打基础

实施全过程集成化的项目管理服务

是未来工程监理的发展趋势，而工程造价咨询又是全过程集成化项目管理服务的一项重要内容。所以监理企业要结合自身实际情况，着力打造一套成熟的工程造价咨询服务体系。首先要做的就是培养和聘请一批工程造价咨询专业人才，制定一套完整的工程造价咨询管理制度，并系统地完善工程造价管理所需的先进计算机技术和现代化的网络技术。待各项工程造价咨询条件具备后，依法申请工程造价咨询资质，取得资质后可开展相应咨询业务。

（六）成立招标代理部门

招标代理也是未来实施全过程集成化项目管理服务的一项主要内容，所以对于广大监理企业来说，开展招标代理业务势在必行。建议企业在可行性、可操作性研究的基础上，按法律、法规及相关强制性要求成立招标代理部门，并配备专业人才和专门设备，同时制定好相应招标代理管理和业务实施的制度。监理企业招标代理部门专业人才可通过内部发掘、外部招聘的形式配备，也可适当通过外聘专家来充实企业招标部门的力量。另外企业要积极鼓励符合条件的员工申报省评标专家库，以人才促整体，推动企业整个招标代理水平的发展。

（七）开发监理行业专利技术，以技术推动服务

技术进步，对行业、企业的发展起着决定性的作用。在中国工程建设领域，乃至其他领域，走在最前沿的都是专利技术雄厚的企业。所以监理企业也要审时度势，大力发展监理行业独有专利技术的开发和研究，并积极推广利用。现阶段，从事工程监理职业的，有很大一部分是以前各建设单位、设计单位、施工单位的退休返聘人员。他们拥有丰富的工程施工现场管理经验，也拥有很强的工程技术水平，对于监理行业来说，他们是一笔宝贵的技术财富。如将这些技术人员所拥有的技术经验转化为实际的监理技术理论成果，将极大地推动整个监理行业的发展。

除上述监理创新亮点服务模式外，还可开发和建立材料采购技术咨询服务，利用工程监理协调性服务特点成立工程纠纷调解机构等，因篇幅关系，在这里就不一一论述了。

三、监理创新亮点服务模式的树立

监理创新亮点服务模式从开发、建立到树立，是一个不断实践、完善和发展的过程。监理企业创新亮点服务模式的树立可着重做好以下工作：

（一）加强企业自身人才结构建设

今后，监理企业创新发展、转型升级的大方向就是向包括项目策划、设计管理、招标代理、造价咨询、施工过程管理等的全过程集成化项目管理发展。所以监理企业要顺应新形势的发展，积极培养懂技术、会管理、善协调的复合型人才。如果监理企业没有集工程技术、工程经济、项目管理、法规标准于一体的综合人才结构，没有工程项目集成化管理能力，很难得到建设单位和服务单位的认可。

（二）积极创建品牌效应，发挥监理创新亮点服务模式的市场效益和经济效益

一个监理创新亮点服务模式的建立，最终是要面向市场，面向服务主体，只有充分发挥模式的市场效益和经济效益，才能彰显这一模式的价值。而如何将监理创新亮点服务模式效益最大化，最有效的途径就是"创建品牌理念，树立品牌效应"，将企业的优势和亮点通过品牌展现给市场，展示给服务主体，以此得到市场推广，促进企业创新发展。

探讨绿色生态建筑设计原则及策略

陈士凯

浙江江南工程管理股份有限公司

一、项目背景

宿迁西城大厦位于宿迁市宿城经济开发区，建设规划用地2.7万平方米，总建筑面积为52260m²，主楼建筑高度为89.5m，设计使用年限50年，抗震设防烈度等级8度。根据建筑功能划分，A区为办公主楼，前侧裙楼为中庭，B区为用餐中心，C区为健身中心，D区为会议厅，E区为商业出租，是一个集政府办公、公众服务、会议报告、健身运动、生态环保于一体的综合性建筑。鉴于本工程作为宿城经济开发区地标性建筑，秉承"以人为本、生态建筑"的设计理念，坚持以绿色、节能、环保、低碳等技术手段为支撑，通过利用当地的自然通风、太阳清洁能源、雨水回收等可再生资源以及建筑自身节能策略，实现每年建筑节约能耗75%，碳排量减排1376吨/年的目标，打造成为国内领先的绿色生态建筑。

二、绿色生态建筑设计原则

研究生态建筑的目的在于处理好人、建筑和自然三者之间的关系，它既要为人创造出一个舒适的空间小环境，同时又要保护好周围的大环境（自然环境）[1]，因此，生态建筑是一种高层次的自然回归，它依赖于高科技不断发展以及设计理念的与时俱进，经过多年来的实践完善，已逐渐形成一些重要的设计原则，就本案绿色设计原则作扼要阐述：

1. 注重节约社会资源、可持续发展原则。绿色生态建筑最重要的特征是节能型建筑，因此建筑材料的选择应考虑其自身节能、可再生性，同时做到节约社会资源以及减少环境污染，加强对社会生态环境的关切，因地制宜地利用当地再生资源创造出有利于人们舒适、健康生活的环境，实现向自然索取与回报相互平衡的关系，构建一个可持续发展的生态环境。

2. 注重尊重自然、保护生态原则。注重保护当地的文脉和自然环境，加强对地形、地貌的综合利用，讲究美观和经济实用并举，创造出高品位、低投入的景观模式，景观意向以自然、健康、生态、环保为主要特征，注重建筑与周围城市环境相适应，减少对自然生态产生负面影响，创造出集工作、休闲、娱乐于一体的活动空间，将建筑功能与生态保护融入景观。

3. 注重人文关怀与建筑景观相结合原则。绿色建筑从设计到投入使用，其服务目标都是"人"，实现人文关怀实质是以人为本，构建一个健康、舒适的生存环境。建筑景观的设计重点以整体空间线条流畅、结构合理、比例恰当、效果突出为基础，以注重人的视觉观赏为根本，在喧闹城市中创造出一片宁静祥和的环境，使人文关怀与建筑景观达到互融互合的境界。

4. 注重自然环境与建筑协调统一的原则。建筑与自然环境协调统一是生态建筑的基本要素，植物景观高低错落有致，色彩对比协调自然，能够大大减弱混凝土建筑给人们带来的压迫感。因此，在景观设计过程中重点利用当地植物的本土性、季节性、观赏性，让植物景观在建筑与自然环境中间过渡，赋予建筑一种新的生命力，使人、建筑与自然环境融为一体。

三、绿色生态建筑的设计策略

（一）自然通风策略

宿迁市宿城经济开发区位于暖温带季风气候区，光热资源比较充沛，四季分明，气候温和，年平均气温为14.1℃，适宜自然通风温度10~25℃，年度通风总时长为2780小时，占全年总数31.7%，故方案优化时充分利用自然通风。在建筑布局上采取裙楼错落方式诱导自然通风，建筑面向夏季主导西南风向，增大建筑物的迎风面，保持主立面为正压区，可有效地将自然风引入室内，裙楼屋顶处风速整体平缓，小于5m/s，无涡旋和死角，为屋顶花园和休闲运动提供良好的室外环境。在建筑造型上采取底部架空设计，形成建筑"穿堂风"，增加了气流线路，增强了自然通风效果。

（二）自然采光策略

根据日照模拟分析报告以及太阳高度角和方位角，裙楼的主要受阳面为东南面和西南面，其东南方向为主要的受阳面，因此将建筑朝向设计成东南向，可实现建筑最大程度的采光，在建筑设计中权衡采光效果进行设计方案的优化。北侧主楼高耸矗立，使周围建筑形成裙楼环绕的布局，建筑朝向均有利于自然采光，半开放的室外空间可避免建筑的密集感，并使周围建筑得到充分采光。建筑之间错落有致的造型增加了采光面，底部架空层则有利于绿化的引入和底层建筑的充分采光，主楼和裙楼布局分开不仅增加建筑层次感，也增强了自然采光效果。

（三）太阳能应用策略

1. 太阳能光电系统

太阳能光伏发电系统是指直接将光能转变为电能的发电系统，其主要特点是可靠性高、寿命周期长、属于清洁能源、可独立发电运行。由于工程位于光热资源较为充沛地区，考虑建筑全过程寿命周期的用电需要，在B区用餐中心屋面上安装光伏发电系统，按有效安装面积 $500m^2$ 计算，可安装机组容量为35kW，根据日照平均时长为6.28小时计算，则日发电量为175.84kWh，年发电总量为64181.6kWh。相当于燃煤发电厂减少标准燃煤25672.64kg，

节约用水 $256.7m^3$，减少二氧化碳排放64181.6kg，减少二氧化硫排放1925.45kg。由此可知，光伏发电系统的应用可极大改善生态环境，节约社会资源。

2. 太阳能热利用

太阳能热利用技术作为新能源产业，国家在宏观政策方面进行大力推广，为太阳能产业发展创造了良好的市场条件。根据宿迁太阳能资源状况分析报告，年太阳辐射量约为 $4532.25MJ/m^2$，年平均日照时数为2271小时，属于太阳能资源丰富、日照时数较为稳定地区，非常适合在建筑中利用太阳能热源。结合项目的自身特征，从高效能、经济性、适应性角度考虑，在C区健身中心的屋面设置两台360L太阳能热水器，为淋浴房提供淋浴生活热水。

3. 光导照明系统

光导照明又称为导光管采光系统，照明光源取自于太阳光源，光导光线具有柔和、均匀、无闪烁、无眩光、无污染等特点，是真正意义上的节能、环保、绿色的照明方式。工程在设计时将光导照明系统通过采光装置将室外的太阳光线导入系统内部，再经过特殊制作的光导装置的强化与高效传输后，由系统底部漫射装置把太阳光线均匀高效地导入地下车库以及设备机房进行照明，可最大限度改善自然采光不足的光照环境。

（四）建筑遮阳策略

建筑遮阳能有效地阻止由于阳光照射传导而使室内温度不断攀升，可极大地降低电能消耗，因此，建筑遮阳首先应避免阳光直接入屋内，其次应减少对建筑外墙维护结构的照射。根据工程建筑功能分区较多的特点，各建筑单体间采取高低错落、增加建筑形体变化的设

计策略，形成建筑物间相互遮挡，以减少阳光对建筑外墙的照射时间，有利于炎热的夏季遮阳降温。因此，科学合理的建筑布局不仅增加建筑实用性，也为夏季遮阳提供良好条件。

（五）节能建材的应用

节能建材是一种实现建筑自身节能的材料，根据当地建材市场情况，±0.000以上部位的填充墙采用A5.0蒸压加气混凝土砌块，其单位体积重量仅为黏土砖的1/3，而保温性能为黏土砖的3~4倍，因此极大地降低了建筑荷载以及热量传导。其次建筑外窗及幕墙型材采用断热型铝合金，玻璃采用6+12A+6Low-E低辐射镀膜中空玻璃，Low-E玻璃通过在玻璃表面镀上多层金属或其他化合物组成的膜系产品，可大大降低因辐射而造成热量由高温端流向低温端，具有优越的隔热效果和良好的透光性能，起到节能降耗和改善环境的目的。

（六）中庭生态系统

根据主楼前侧中庭建筑空间高、采光面积大、温度分布随高度增高而递增等特点，为了满足空间环境舒适与节能降耗目的，中庭的绿色设计将采取通风、自然采光、遮阳、生态种植等多种优化方式。在中庭两侧引入当地植物种群，建成"绿色生态森林"环境，利用中庭的温室作用使玻璃顶棚朝向东南，以形成室内"温室"效应，减少冬季采暖能耗。夏季则利用大面积外窗开启通风以及玻璃顶帷幕进行遮阳降温，可使室内温度迅速降低2.2~2.8℃，在室内设计弧形水面、假山、喷泉、流水等景观，通过水分有效蒸发以及空气对流，达到夏季降低室内温度的效果，形成绿色中庭生态系统。

（七）智能照明控制系统

建筑照明系统首先应选用节能灯具，确保平均照明功率密度小于 11W/m²。其次在走廊、楼道等公共区域采用移动传感器，当人进入传感器感应区域后渐渐升光，当人走出感应区域后灯光渐渐减低或熄灭，使走廊、楼道的长明灯得到控制。再次于办公室周边安装日光感应器，通常在办公室距窗户 3m 区域内单独设置照明回路，由日光感应器控制灯具的开启、关闭或逐步调暗，起到降低能耗的作用。

（八）雨水回收系统

考虑工程位于温带季风气候环境，每年受季风影响，年际间变化不大，年均降水量为 910mm，根据建筑的分布与构造，在屋面设计雨水回收系统。采用雨水管收集，通过雨水弃流器后进行初次沉淀，然后再汇集到室外雨水收集池，收集后的雨水再经过过滤、氯片消毒后送到地下二层的雨水回用清水池，用泵送至回用水管网，以供厕所便器冲洗、绿化灌溉使用。经对雨水收集面积以及降雨量计算，每年雨水收集量约为 4280m³，可极大地缓解城市生活用水压力。

（九）高渗透环保路面

由于普通混凝土路面的渗水能力严重不足，雨水难以渗透至地面以下，将严重影响生态平衡，故在方案优化设计时加强对总平面规划设计，在室外非绿化区采用地面渗透处理技术，以增强对雨水的渗透能力。考虑建筑场地为轻量级交通道路以及室外停车场的设计荷载，结合当地建筑市场的实际供应情况，采用 C25 浅灰色高渗透环保型混凝土进行铺装，具有约 25% 的孔隙率，降雨时能快速补充地下水资源，维护生态平衡，并能吸收车辆行驶产生的噪声，减少地面阳光反射的热能，有效降低地面温度，以缓解城市的"热岛效应"。

（十）营造绿色生态环境

鉴于工程的南侧有省级公路通过，优化设计时对车辆行驶产生的噪声给予充分考量，在规划用地的南端采取种植高耸密集植物的方式，以对外界的噪声起到天然隔离作用。在建筑物周边采用高低起伏的微地形设计，在微地形上采取乔灌植物进行相互搭配，形成通透的林下活动空间，再配置景石以增添趣味，观赏道旁的树木高低错落、疏密有致，而五颜六色的花灌木点缀其间，既丰富了休闲的观赏性，也营造出绿树环抱、清新舒适的绿色生态环境。

四、绿色设计优化工作的体会

首先，绿色建筑设计应在城市化建设过程中不断推广应用，而不应待绿色产业化提高后再推进，优化设计则应根据当地的气候条件、市场节能产品并结合建筑用途因地制宜地采取多种设计策略，实现节能目标。其次，应在设计规划过程中做好资源的合理分配，将过度装饰资金调整到提高建筑产品性能和节约资源，利用资源上，促使总投资不增加或增量不多的情况下实现建筑全过程寿命周期的节能降耗。最后，应以科学技术为依托，坚持走科学化设计原则，体现在节能降耗的目标制定必须科学合理，设计策略通过定量化进行科学验证，并将现代科技节能产品充分应用到绿色建筑设计中，实现真正意义上的生态建筑。

结语

绿色生态建筑代表 21 世纪的发展方向，加大绿色生态建筑的研究，无论从环境、能源或者可持续发展角度都将有重要的现实意义 [2]，它是缓解社会资源和环境矛盾的必然选择。本项目绿色设计方案的优化立足于建筑自身节能效益最大化，以建筑自保温、自遮阳、自然通风为主，再结合当地气候条件因地制宜地利用太阳能资源、雨水资源等进行设计，取得了建造绿色生态建筑的理想成果。作为建筑师应顺应时代潮流，以社会责任推进绿色生态设计，建造青山绿水可持续发展的生态建筑，实现人与建筑、自然环境三者之间的和谐共处，对"建设环境友好型、资源节约型社会"具有十分重要意义。

参考文献

[1] 卢志贤. 绿色建筑生态设计 [J]. 建筑建材装饰, 2009, 10 (8).
[2] 张仑, 李霞. 浅谈绿色生态建筑的发展 [J]. 陕西建筑, 2012 (10).

从工程项目管理实践谈几点建设全过程咨询的思考

河南建达工程咨询有限公司

摘　要： 河南建达在工程项目管理业务的实践探索较早，积累了一定经验，为开展工程建设全过程咨询（后简称全过程咨询）服务打下了基础，但是在新政策和新需求下，仅依靠已有的实践经验和相关资源仍显不足，结合本企业工程项目管理的实践及优势，思考全过程咨询的理论、市场前景，客户需求、服务标准及权责风险等问题，以便更好提高自身服务能力。

关键词： 建设全过程咨询　业主方工程项目管理　市场化　客户需求

引言

在工程建设领域，工程项目管理模式从 2004 年建设部印发《建设工程项目管理试行办法》（建市〔2004〕200 号）发布至今，受到行业高度重视和积极推广。这期间，河南建达工程咨询有限公司（隶属郑州大学的国有企业），本着依托高校、科学管理、创一流服务的方针，开展了一批政府代建及工程项目管理的咨询服务实践，收获了宝贵的经验，全过程咨询政策出台后，公司与所属母企业郑州大学建科集团领导层经过多次学习、研讨发现，需深入研究全过程咨询的理论、市场前景，从客户角度出发，思考全过程咨询的服务承接模式、服务组合形态、牵头核心及主线服务内容，厘清业主真实需求、全过程咨询的质量标准、评价标准及权、责、利等问题，只有如此才能准确把握方向，更好地实现目标。

一、公司对以往业主方工程项目管理模式的总结思考

中国实行的是项目法人责任制，对建设责任主体的建设方有特定要求，从项目法人到建设委托人（如具有法人资格的建设项目平台公司）及法人授权的建设项目负责人等，需要在工程建设中履行专业性较强的建设主体责任，另一方面投融资模式的多样化也带来更丰富的个性化需求，因此市场对提供专业化工程咨询服务的需求是全过程咨询及监理升级发展的动力。河南建达把企业以往此类实践活动中的工程项目管理＋工程监理＋专项咨询、代建等服务活动归纳为"业主方工程项目管理咨询服务模式"，顾名思义，是以业主需求满意为导向，接受业主委托对工程建设全过程或分阶段进行的专业化管理、统筹管控和咨询服务的活动，核心是工程项目管理，为业主提供所需专项技术咨询服务，实现业主利益最大化和风险最小化。通过实践总结，公司在此类项目服务中核心优势不是主业监理，而是依托了高校（郑州大学），拥有集团公司（郑州大学建科集团）的全方位设计及专项技术支持，对设计和施工统一为一条管理主线的能力，在工程全过程咨询服务中这一优势不仅继续适用而且应得到放大。

二、典型案例总结与全过程咨询思考

（一）政府代建模式回顾与思考

项目介绍：中共河南省委党校整体

图1 代建项目河南省委党校整体迁建工程鸟瞰图

迁建工程的代建（图1）。委托方是河南省发改委，使用单位是河南省委党校，项目是河南省政府第一个直接管理、程序完善的代建试点项目，项目占地面约1007亩（1亩≈666.67m²），由39幢单体建筑组成，公司抽调18人组建了代建团队，包括了所需各类注册师，成立了项目协调专家组，经过设计优化，降低的工程建安成本非常可观，锻炼了队伍，积累了经验。总结项目体会及对全过程咨询思考如下：

1. 代建是一种带有风险承包性质的特殊工程项目管理模式，也属于当前全过程咨询模式之一，实践中公司的履约能力、技术力量、管理经验与管理能力都得到了考验，今后全过程咨询推行，政府代建项目及市场商业化代建项目很有可能成为一个主阵地，广阔市场前景被一致看好，公司以往代建业绩、经验将成为非常宝贵的财富，特别是在全过程咨询服务中以管理为主线时更为突出。

2. 无论是代建还是全过程咨询，都需要解决人的问题，要配置一支专业齐全的团队，统一思想，熟悉相关政策，不断提高工程项目管理知识理论水平，学习、熟悉和掌握相关专项咨询服务知识。公司拥有的相关资源在新需求下如

果能够灵活组合，可以较联合形式承接全过程咨询更具融合优势。

3. 必须要提高和加强设计阶段管理能力、方法及手段，如提高设计准备阶段的调研、策划与任务书编制能力，加强限额设计意识，合理发挥技术顾问与专家作用，正视与知识密集型企业之间的差距，多维度、多渠道做好设计优化、技术方案与设计图纸质量评审等技术咨询服务，这属于代建也是全过程咨询的重要核心能力之一，公司的母企业郑州大学建科集团拥有设计、规划、监理、基础检测、结构与材料检测加固、BIM应用及新技术研究等各项综合能力，为公司提供了强有力的技术后台保障。

4. 代建过程中必须坚决做"遵纪守法的阳光工程"，遵守招标程序，严格审核控制价，认真考察投标企业，工程实施中调动好承包商积极性，深入加强对原材料的管理，关注细节，挖掘和发挥出工程监理在现场质量安全工作中的作用，树立诚信管理的理念；这一环节是管理服务的重点，企业自身有能力、有经验可以做好。

5. 必须兼顾业主各方意见，特别是委托人与使用人意见不统一的情况，业主方的真实需求往往同监理的想法有差异，

及早明确业主真实想法和需求，才能真正实现客户满意，这个项目上防三超是成功的，但一定程度上忽视了使用人的部分真实需求，值得公司总结。在全过程咨询模式下，同样需要了解委托人的真实需求与想法，了解和满足客户需求是永恒不变的目标。

6. 树立"为业主服务、以客户为中心、让用户感动"的服务理念，以主人翁的心态做到思想换位，是专业人做好专业事的前提。但是，对于评判全过程咨询服务质量的好坏，很难有标准答案，面对业主可能将所有项目问题推到全过程咨询的境况，监理要有准备。全过程咨询模式下，业主希望工程质量安全责任及风险的转移愿望会更强烈，但显然不能以简单的委托或承发包模式完全改变，全过程咨询是否应有条件或不承受此类责任与风险，这些问题在公司、集团层面也经过反复研讨，未来有待试点后政策的明确，但面对业主方的客观实际需求，为更好实现客户满意，可能会承担部分责任。对于取费，公司则坚持必须有保障，这是保障行业健康发展的基础。

（二）公共建筑工程项目管理+监理服务模式回顾与思考

项目介绍：郑州市民活动中心是郑州市公共文化服务区的重要组成部分，是典型大型公建项目，是监理+工程项目管理一体服务模式，结合业主需求确定项目管理定位，以设计为龙头（设计阶段的相关管理），以BIM技术为中心，以投资管理为基础、进度管理为手段，对工程实施全方位、全过程、全寿命周期的专业化、系统化、精细化管理。以下是本项目的总结及全过程咨询思考：

1. 本项目的初步设计管理阶段重点

在解决功能需求，就功能配置、建筑布局、使用标准、建设规模等内容充分征求业主方（特别是使用单位）的意见，组织过多轮专题研讨，减少后期因使用功能造成的变更，加强图纸设计质量的审查、管理力度。今后，由于工程总承包与全过程咨询组合模式逐渐进入主流模式，初设阶段必须考虑到施工图设计、专项深化设计及绝大多数工程采购将交由工程总承包方负责的情况，初设阶段的相关工作精细度、内容深度将大大提高，对业主而言甚至可能成为项目实施成败的关键，如果咨询管理企业不熟悉又缺少参考案例，就可能蕴含未知风险，公司经历的一些案例中，不同设计院在初步设计阶段施工图设计交接中就常发生各种问题，全新咨询模式下一定会存在更多类似的新挑战和新难题。

2. 在施工图及专项设计管理方面，因本项目复杂多样，团队实行了全过程、全专业设计总包来简化管理复杂度，减少二次深化的协调及界面管理影响，减少越深化越复杂及追加投资的现象，严审设计合同条款，厘清设计分包工作内容及深度，加强设计总包驻场代表管理，如要求全程参加工地例会、方案论证、招标会议、考察、现场巡视等工作，发现图纸问题限期解决，重要部位提前交底，施工图按需多次会审；重视审查设计图纸质量与设计深化工作，对精装修、舞台机械、灯光音响、景观及照明、弱电智能化等组织成果专家论证，在未来主流的总—全组合模式下，全过程咨询服务中针对以上内容一定会发生改变，公司和许多企业一样必须真正作好前置准备，这些有待实践考验。

3. 有针对性地加强设计阶段的投资管控。本项目以概算审查为抓手，强化

设计人员经济意识，力求项目经济功能价值比合适。由于项目有杂技馆、群艺馆等专业场馆，新工艺、新材料多，价格不易确定，团队要求设计院做多方询价比对，对大型专业设计和设备选型要求设计院组织全国范围内专家进行论证、比选，力求设计深度到位，价格合理，在设计概算编制中重点要求设计院考虑各类风险，依据要合理全面，包含各类新规和本地区标准，原则上体现合理富余，各专业分项概算分配均衡、准确；同上，在未来新组合模式下，设计与采购的准备前置还需更多实践来检验完善。

4. 在管理和组织协调等工作中，提早统筹考虑配套专业，如市政水、电、燃气、热力、雨水、污水等对接相关部门，准确掌握现行政策，清晰界面划分；进度控制上分层次管理，在概算分解基础上编制年度资金使用计划，采取三层次的进度计划管理，采购、合同及变更管理方面采用配备专职招采人员，根据出图计划和总进度计划制定各类招标计划，结合业主的建设投资管理办法制定项目招标制度，分三个层次、三类工程，满足高标准的采购需求，过程中严审招标文件，保证条款严谨、合法、清晰、不留争议隐患，结算方式明确、合理、合规设置控制价，既符合市场行

情，也控制了超概算情况。这些能力在全过程咨询中同样是核心能力之一，需要加强总结。

5. BIM 应用。辅助设计图纸完善，提早发现不合理处，包括工程虚拟建造、机电管线仿真虚拟、施工图设计数据验证等问题统计辅助（图2），对特定部位要求出 BIM 版图纸进行现场施工指导，如预留、预埋、管线标高、位置、各类安装管线的施工顺序等；利用 BIM 技术核对施工图工程量清单，发现超概算情况及时调整。以运维阶段 BIM 应用为目标完善 BIM 数据，尽可能满足未来运维对管线设备位置、路由路径故障部位判断、重要设备信息检索等要求。采用 BIM 管理平台来辅助监理的技术管理、资料管理工作，实现查看图纸、巡视检验、问题发布与资料共享等功能。

通过以上总结与思考，不难发现，在今后全新的工程总承包＋全过程咨询模式下，施工图设计、专项深化设计及绝大多数工程采购将交由工程总承包方负责，公司已有的管理咨询服务经验即便已经相对成熟，但因为工程模式发生改变，咨询工作重心甚至内容必须调整，这将不同于之前熟悉的模式，现有工程项目管理＋监理这种模式属于建设全过程咨询的模式之一，应考虑如何改进优

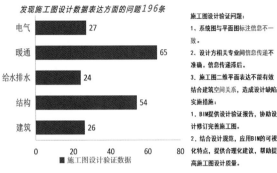

图2 施工图设计数据验证问题统计

化成为今后全过程咨询市场的主流模式之一，这需要企业认真研究和思考。

（三）金融项目的工程项目管理＋监理模式回顾与思考

近年来，河南建达陆续承接了一批金融企业总部大厦、办公楼等一体化服务项目（工程项目管理＋监理＋技术咨询服务），对于"业主方工程项目管理咨询服务"有了更深刻的认识。金融系统的业主办事以严谨、高标准著称，项目开展前先要进行仔细对接准备，要求完善制度建设，确保业务程序合规，此外，对于专业化技术咨询服务的渴求也让公司感受到市场需求之迫切，以下是相关总结与全过程咨询思考。

1. 做好组织架构设计与团建工作。企业应当根据业主不同需求合理配置团队及提供合理、必要的技术咨询顾问来保障质量及确保合理利润，综合各方因素合理定位。

2. 练好内功。制度、标准是双方工作合规、交往顺利的重要保障，企业逐步将工作手册、工作表格进行标准化细化应用，完善现场使用的工作管理制度、细则、工作指引等，收效明显。

3. 依托高校及专家顾问团队，补

规划设计短板，在其中一个证券大厦项目上，从全球方案设计招标准备到初步设计与施工图设计各个阶段，在集团公司支持下为业主提供了大量技术咨询服务，反复修改了设计任务书，组织了多轮功能再论证、联合设计考察、专家内部评审，专家参与方案设计优化、项目调研等咨询活动，提供了项目结构选型论证报告、关于信息技术中心设置的分析报告、实施绿建三星的投入成本分析、国家政策及咨询机构的报告、关于设计招标备案问题的报告、关于办理土地开工延期的提醒、方案报建的风险问题、建筑高度调整对建筑方案设计的技术及经济影响分析等大量风险咨询建议及报告；在另一个金融大厦项目中，从初步设计开始，持续提供了全方位的技术咨询服务，针对绿建、先进智能化、地下停车及办公需求、VIP客户体验、员工健身及餐饮等较多个性化需求，进行了大量评审与专题讨论，提供了大量技术咨询意见，获得了业主信赖和高度评价。

4. 这个项目也借助了专业化的BIM平台进行信息化项目管理，在精装修设计管理阶段，充分利用前期的BIM模型

成果，实现了室内精装修阶段的正向设计应用，仿真装修设计效果实现了"对业主方案决策的实时辅助"（图3）。

三、未来展望

以上实践应用总结，体现了公司立足工程监理主业，以"业主方工程项目管理咨询服务"为主线，把业务向上下游延伸、拓展的大方向。在新政策、新需求、新形势下，公司依托集团具有全过程咨询服务的业绩与能力，并且集团内也明确了一般情况下仍以管理为主线甚至牵头的形式，通过不断学习、交流新的工作思路、方法、手段，逐步探索新的组织模式，不为质量安全责任及风险责任划分所困，要考虑业主特定需求、感受及服务标准，挖掘全过程咨询服务品质，发挥郑州大学建科集团的综合实力优势，进一步提高核心竞争力及人才培养。未来公司更加看好全过程咨询市场，并将继续探索，积极投入，加强全员思想服务意识的转变，回归高智力咨询服务，以业务标准化和信息化为支撑，向工程建设全过程咨询服务全面迈进。

图3　项目BIM应用图示

监理企业发展全过程咨询服务的问题与对策

孙晖

深圳市深水水务咨询有限公司

本文试图从全过程咨询发展政策背景，全过程咨询服务对于咨询企业提出的发展要求，监理企业发展全过程咨询服务的优势与不足等角度进行分析，探讨监理企业发展全过程咨询服务的对策。

一、政策背景

2017 年 2 月 21 日，国务院办公厅印发了《关于促进建筑业持续健康发展的意见》（国办发〔2017〕19 号），明确要求完善工程建设组织模式，鼓励非政府投资工程和民用建筑项目积极尝试全过程工程咨询服务，这是在建筑工程全产业链中首次明确提出"全过程工程咨询"这一概念。

2017 年 4 月 26 日，住建部印发了《建筑业发展"十三五"规划的通知》（建市〔2017〕98 号），提出提升工程咨询服务业发展质量，引导有能力的企业覆盖工程全生命周期的一体化项目管理咨询服务，培育一批具有国际水平的全过程工程咨询企业。

2017 年 5 月 2 日，住建部下发了《关于开展全过程工程咨询试点工作的通知》（建市〔2017〕101 号），正式启动了全过程工程咨询试点工作。公布的 40 家全过程工程咨询试点企业名单，有 16 家为监理企业。这表明国家对于监理行业转型的重视与鼓励，同时也说明了监理行业转型发展全过程咨询服务具有极大的潜力。

2019 年 3 月 15 日，国家发展改革委和住房城乡建设部印发了《国家发展改革委 住房城乡建设部关于推进全过程工程咨询服务发展的指导意见》（发改投资规〔2019〕515 号），提出要着力破除制度性障碍，重点培育发展投资决策综合性咨询和工程建设全过程咨询，探索工程建设全过程咨询服务实施方式。工程建设全过程咨询服务应当由一家具有综合能力的咨询单位实施，也可由多家具有招标代理、勘察、设计、监理、造价、项目管理等不同能力的咨询单位联合实施。

通过上述文件，可以看出国家正通过顶层设计，对咨询企业发展全过程工程咨询服务提出较为明确的指导意见，旨在推动咨询企业健康持续发展。监理作为咨询行业的"先行者"，恰逢其会，正该抓住机遇，充分利用政策支持，发展全过程工程咨询服务。

二、全过程咨询服务对于工程咨询企业提出的发展要求

（一）工程咨询企业要遵循项目周期规律和建设程序的客观要求，在项目决策和建设实施两个阶段，为固定资产投资及工程建设活动提供高质量智力技术服务，全面提升投资效益、工程建设质量和运营效率，推动全过程咨询高质量发展。

（二）工程咨询企业可根据市场需求，从投资决策、工程建设、运营等项目全生命周期角度，开展跨阶段咨询服务组合或同一阶段内不同类型咨询服务组合。创新全过程工程咨询服务模式，为投资者或建设单位提供多样化的服务。

（三）工程咨询企业应当在技术、经济、管理、法律等方面具有丰富经验，以及与全过程工程咨询业务相适应的服务能力，同时具有良好的信誉；应当建立与其咨询业务相适应的专业部门及组织机构，配备结构合理的专业咨询人员，提升核心竞争力，培育综合性多元化服务及系统性问题一站式整合服务能力。

三、监理企业发展全过程咨询服务的优势与问题

（一）监理企业的优势

1. 监理企业发展全过程咨询正是回归初心

自 1988 年推行工程监理制度以来，国家一直在引导监理单位向工程咨询和项目管理模式发展，建设部于 1989 年

发布的《建设监理试行规定》对监理业务的职责范围与当下全过程工程咨询的业务范围基本一致，分为建设前期、设计阶段、施工招标阶段、施工阶段和保修阶段。只是后来的发展有违初心，路走偏了，大大简化了工程监理的职责，很大程度上局限于工程施工阶段的"四控制、两管理、一协调"，甚至将"监理"等同于以施工质量安全旁站监理为主的"监工"。现阶段，监理行业积极寻求职能"回归"，发展"以大中型监理单位为主导，勘察设计企业为支持的全过程工程咨询服务"，正是"不忘初心再出发"。

2. 监理企业在项目管理方面具有一定优势

经统计，住建部于 2017 年公布的 40 个试点单位中有 16 家监理单位，其余 24 家为勘察设计企业；广东省公布的两批共 49 家试点单位中有 24 家监理单位，其余 25 家为勘察设计企业。

相较于勘察设计企业，监理企业的优势在于监管主体定位，积累了一定的建设项目工程管理人才和能力。监理企业机构设置较完备，有较为完善的项目管理体系、质量安全管理体系等，已经在控制工程投资、质量、进度、安全以及工程协调等实践中积累了经验。

3. 监理企业具有传统业务开展优势，有利于突破各环节咨询服务碎片化问题，完成升级转型

在开展全过程咨询业务过程中，建立什么管理模式才能最大程度地避免咨询服务"碎片化"？几家咨询企业组成联合体显然不是最好的选择。由于项目实施过程中联合体成员各个机构独立执行，相互之间缺乏联动，统筹协调难度大。一家牵头，往往难以牵动；业务

"拼接"，往往无法完整。

大中型监理企业除了开展施工监理业务之外，还开展了项目管理、工程代建、招标代理、工程咨询（技术咨询）、造价咨询等业务，部分监理企业已发展了监管一体化、项目管理、项目总控等业务，为全过程工程咨询奠定基础；且同一家公司在统筹协调方面的先天优势，在升级转型为全过程咨询服务单位时，有利于突破各环节咨询服务碎片化问题，既符合国际惯例，也符合 515 号文件明确"可由一家具有综合能力的工程咨询企业实施"的构想。

（二）监理企业存在的问题

1. 监理企业缺乏核心竞争力，监理服务同质化、低端化现象普遍

随着建设行政主管部门和社会各界不断强行加重监理行业的质量、安全责任和现场文明施工管理责任，造成监理企业不得不把绝大部分精力放在现场质量安全旁站监督劳务上面，以极力避免发生质量安全事故为工作准则，其他监理服务功能逐步弱化。由此造成整个行业监理服务同质化、低端化现象普遍，监理行业陷入低服务、低价格和低层次的泥淖中难以自拔。大多监理企业（尤其是中小型监理企业）并没有随着建筑行业的迅猛发展形成独有的技术或管理优势，从而导致核心竞争力不强，监理价值降低，行业地位不高。

2. 监理企业高层次人才短缺

据相关统计，当前有一大部分监理企业的人均年产值不足 20 万元，远低于建筑业咨询和设计企业人均年产值，由于效益低造成监理人员待遇普遍低下，以及行业认可度不高、社会地位低的现状，高学历、高层次人才就业基本不会选择监理行业，由此也造成监理企业创

新发展缺乏原动力——招收不到、培养不出、挽留不住优秀人才。通过调查发现，大量的监理企业监理人员结构呈现哑铃型状态，大部分监理人员年龄处在 45 岁以上和 30 岁以下，人才结构极不合理。

3. 国内监理企业发展全过程咨询成熟经验并不多

不同于国际上全过程咨询已经发展成熟，中国自从 2017 年初提出发展"全过程工程咨询"业务构想以来，截至目前，该项服务尚处于试点摸索阶段，国内监理企业发展全过程咨询的经验并不多，它的管理机制、运行方式以及咨询企业储备、人才储备都还欠缺。到底应该走什么样的发展道路进行转型升级才既是符合国情又符合建设行业现状也并无定论，还需要进一步通过实践来探索。

四、监理企业发展全过程咨询服务的对策

（一）咨询行业还需广泛呼吁，提升工程咨询行业取费标准

兵马未动，粮草先行。借鉴前期建设工程相关服务行业发展历程可知，取费标准是决定行业发展前景的基础，也是最关键因素。全过程工程咨询是高智力的知识密集型活动，需要有强大咨询实力的企业，也需要工程技术、经济、管理、法律等多学科、高素质、复合型人才。高标准、高要求的活动需要相对较高的收费来作为支撑，否则一切将成为无根之木、无源之泉。目前已出现的收费模式包括基本酬金＋奖励、叠加法、人工价法等，个人认为这并非正常和合理的取费方式。因此，咨询行业还应进

行广泛呼吁，要提升工程咨询企业的取费标准。

（二）监理企业发展全过程咨询业务的关键在于人才

在发展全过程咨询业务大趋势中，监理企业既迎来机遇也面临重大挑战。常言道：打铁还需自身硬。监理企业能否顺势而上，勇立潮头，除了要完成体制、机制、技术和管理转型外，关键还在于能否及时完成人才升级转型。个人认为，人才的升级转型大致有以下途径：①从高校招收高学历高素质人才进行培养，完成升级，这是一条可持续发展之路，但需要付出让人才成长的时间和耐心。②从社会上直接引进人才。③聘请资深专家，优化和提升企业人才水平。

（三）监理企业积极作为，进一步提升核心竞争力，逐步完成转型升级

全过程工程咨询不可能仅有少量的大型监理咨询企业提供服务，必将是大型、中型、小型企业共存，互为补充，协调发展；监理企业也不可能一蹴而就，一夜之间完成华丽转身，全过程咨询服务的发展必然有一个过程。因此，笔者认为，监理企业既要积极作为又不贪功冒进，要做精做专做深现有业务，逐步发展特色鲜明的专业服务，进一步提升核心竞争力，逐步完成转型升级。

（四）优化调整企业组织机构形式

目前，许多监理企业内部采用直线制组织结构形式。这种组织结构形式具有快速灵活、职责清晰、管理简单、维持成本低的特点，但它只适用于中小企业咨询业务，难以适应全过程工程咨询服务需求。而全过程工程咨询所含服务内容多，相应企业的规模一般较大，所涉及的人员、部门较多，咨询服务的时间跨度也大。咨询企业需要根据咨询业务范围，科学地划分和设置组织层次、管理部门，明确部门职责，建立一个与咨询业务特点和要求相适应的组织结构。

（五）整合联合资源，形成强大的公司能力

全过程咨询涵盖的服务范围广，而以现有监理企业及其他工程咨询类企业的业务范围，尚不足以有能力单独承接全过程所有业务，因此，在实施全过程工程咨询前期，监理企业以联合体的形式或者承接多阶段咨询（或项目管理）服务来打开市场，积累业绩和经验成为发展全过程咨询的必经之路。

但参照国际全过程咨询成熟经验，咨询企业要在积累工程业绩和经验的同时，通过企业并购、重组、战略合作来整合资源，延伸产业链，补齐资质、资格和业绩短板，形成强大的企业实力和资质范围，最终实现咨询企业业务范围覆盖建设全过程，真正成为工程领域系统服务的主体。

（六）充分运用新技术，提升监理服务价值

科技发展日新月异，社会进步永不停歇。如何在提供咨询服务过程中充分利用高速发展的现代信息技术为工程咨询提供强力的技术支撑，是监理企业要认真研究的一个重大课题，如综合应用大数据、云平台、智慧工地、建筑信息建模（BIM）、地理信息系统（GIS）等技术，提升监理服务价值。

结语

挑战带来机遇，发展才能生存。随着国家顶层设计、政策导向和市场需求，全过程工程咨询服务已然是大势所趋，行业、企业转型升级成了不二的战略路径。监理企业必须抓住这一契机，发挥自身潜在优势和能力，尽早地进行转型升级，以适应市场的需求，扩大企业的竞争优势，积极推动全过程工程咨询。

参考文献

[1] 杨学英. 监理企业发展全过程工程咨询服务的策略研究[J]. 建筑经济，2018（6）.
[2] 周刚，万东东，李明，等. 工程监理企业向项目管理企业转型研究[J]. 建设监理，2016（3）.
[3] 刘亮，祝颖慧. 于全过程工程咨询服务的监理企业转型策略研究[J]. 价值工程，2018.
[4] 史春高，王云波. 关于监理企业转型工程建设全过程工程咨询服务的对策研究[J]. 北方建筑，2017（8）.
[5] 李建军. 工程监理企业开展全过程工程咨询服务的优势与探索[J]. 建筑，2018（17）.

监理行业转型升级创新发展策略分析

晨越建管集团

一、中国监理行业现阶段的发展情况

在中国现阶段监理行业持续发展过程中，主要反映出以下特性：首先，中国现阶段监理行业的服务范围以及市场标准要求之间存有较强的差异性，有待完善与修整。其次，无论是地区行业抑或是建设行业，与监理行业的差异促使优化方案与优化程度之间都有所差别，导致监理行业的全部服务项目与服务质量之间存在不同。再次，依照业主的具体标准，监理行业的服务获得了有效地拓展，针对工程管理方面也有所触及。最后，按照中国颁布的政策与意见表明，监理和工程管理的融合会逐渐成为中国未来监理行业的新发展方向。

政府部门针对监理行业已经颁布了明确的要求，政府投资工程与政府部门委托服务以外的项目工程，监理行业应该按照市场供应需求的具体情况，对市场中的价格作进一步调整。而从监理行业未来的发展角度而言，监理行业的整体经济效益极有可能呈现日渐下滑的趋势，并且在已有监理服务以及建设环节现场监理的影响下，走向凄凉处境。虽然政府已经对监理行业的未来发展标准以及趋势作出了新一轮的指导，同时还对监理企业资质审批权限有所调整，促使监理企业成立标准降低，这一措施必然会激发监理市场间的激烈竞争，而这虽然会为监理行业下一阶段的发展带来新的生机，但是也会促使监理企业发生不良竞争的现象。因为监理行业收费标准与资质审核权限作出的一系列调整，必然使监理行业的整体经济效益受到不同程度的影响，甚至还会对培养监理行业相关工作者的工作能力以及专业素质产生不利影响，从而对监理行业的持续发展形成制约。

现阶段社会经济发展新常态的背景下，监理行业应该积极促进行业转型升级，并对原有的监理理念、形式进行革新与优化，积极提高监理行业的服务水平，拓展服务范围，从而进一步推动监理行业的持续发展与创新发展。

（一）工程监理责任不断提升

通过多年的实践经验可以看出，当今的基础建设工作不断加快步伐，条件也得到了很好地改善，但是为了能够推进工程质量、保障安全生产形式的持续稳定，就要加强建设工程的工程监理工作力度，保证工程建设的质量。

工程建设涉及的面很广，监理行业人员的工作量也很多，员工的工作难度也就相对较大，建设工程涉及每家每户。监理人员的工作责任逐渐加重，工作内容也不断复杂化，这就使得监理单位的责任明显加大；可是在实际工作中，又有许多旧的制度和体系、观念跟不上科学技术生产力的不断发展，监理服务工作遇到了新问题和新的挑战，如何解决这些矛盾，必须客观看待和应对。

（二）监理地位较为尴尬

在目前的工程项目中，受到中国国情的影响，建设单位在整个工程项目中处于主体地位，从而造成了很多权利都习惯性地集中在建设单位。即使在实行工程建设监理制度后，建设单位对于工程建设投资控制权仍然留恋，工程监理单位往往没有实际控制权。

监理单位有责无权，成了施工单位和建设单位之间的"夹心"，对施工过程难以控制管理，实施监督，地位相当尴尬。

（三）工程监理招标，引发恶性竞争

在工程监理招标的过程中，由于很多招标企业都成立了监理单位，造成了工程监理招标恶性竞争，很多工程监理单位无法得到公平发展。

《中华人民共和国招标投标法》规定，符合条件的建设工程监理必须实行招标。但是，从当前行业发展的趋势来看，引入竞争机制是对的，可是在对工程监理进行招标的时候，价格竞争成为工程监理单位的重要手段，出现工程监理单

位费用低于收费标准的现象。过低的收费导致监理人员素质偏低，低廉的费用，不可能保证高质量的服务。最终，对整个监理行业产生了不利的影响。

二、监理行业当下面临的主要问题

建筑行业包含范围广阔，相应的执业资格证书也有很多，监理工程师就是其中一种。工程施工需要工程监理，监理工程师是不可或缺的。他们监督着工程质量，是工程安全的保障。现在，国内很常见的现象是，一些长期从事监理行业的人员，面临着这个行业的大洗牌和动荡。

（一）建设监理定位问题

在如今现有的法律法规要求下，很多监理单位已经收到了各建设单位所委托的监理服务的实施要求，所以它已经拥有了合约的义务，同时，又不得不受到法律法规的一些制约。在这些已经施行的法律法规中，如果监理岗位人员的职责没有得到落实和完善，长此以往，将会对整个监理行业造成巨大的负面影响。

这是因为，监理并不是建设直接实施的一方，它的主体地位和建设单位、施工单位等并不能相同对待。此外，监理的权利也并不会因此得到增加。在这种情况下，监理地位并没有提高，责权利也是不对等的，凭着有限的职权，却要承担与其他参建方一样，甚至是更大的责任。

（二）建设监理队伍问题

监理必须要具备高强的业务水平和丰富的经验，至少要达到能够说服经理部的总工的水平，这是做好监理工作需要的基本素质和前提。但现实是，监理行业的队伍增长速度缓慢，数据显示，注册监理工程师的增长速度一般都不足 10%，报考监理工程师的人数也逐年下降。全国工程监理从业人员近两年增长速度在 5% 以内，有时甚至出现了负增长。

行业的职业风险不断、从业人员地位低，优秀监理人才看不到职业发展的宏伟蓝图，拿不到咨询行业同水平的丰厚物质回报，在项目一线也得不到与职责对等的权利和尊重，行业在层层重压之下不仅无法吸引高层次的人才，还有可能流失经过培养，有实践经验和管理能力的高水平人才。

（三）建设监理产业定位问题

国家发改委《关于放开部分建设项目服务收费标准有关问题的通知》以及《关于进一步放开建设项目专业服务价格的通知》都曾对全面放开建设监理取费为市场价作出明确规定。取费放开后，监理企业面对市场的萎缩、业主方压低服务价格、市场恶性竞争、自身市场化应对不足等困境，监理取费水平大幅下降。过低的监理取费导致企业投入减少，服务质量无法保证，工程质量安全面临着严峻考验，不利于建筑市场规范稳定与监理行业健康发展。

传统的监理服务是基于计划经济时代的产物，服务模式单一，服务价值不高，工作内容标准化，追求的目标既定，无创造性价值可言。

今后的市场是体现价值的市场，未来业主对项目投资回报日益重视，更关心投资效益问题，如何用有限的资源去实现最佳的目标。监理行业只有实现由劳动密集型向智力密集型、技术密集型转变，增强服务能力，开发核心竞争力，才能在变化多端的市场中立于不败之地。

（四）建设监理中小企业发展问题

监理资质等级越高的企业，监理人均产值也越高。乙、丙级监理企业不仅监理业务量少，且人均产值远低于行业平均水平。与此同时，监理资质等级高的企业更重视青年人才的培养储备，用人劳动关系管理也更规范；而资质等级较低的乙级监理企业中，注册人员和高级技术人员的含量较高，该类型企业多以盈利为目的，疏于年轻人员的培养和发展。中小企业生存现状堪忧，长此以往将会成为社会不稳定因素。

三、监理行业转型升级

在国家快速发展时期，保障工程质量安全是十分艰巨而重要的任务。要正确认识监理工作的风险，并努力化解。要按照规定，坚持报告制度，加强企业标准化建设。要加强诚信建设。当前法定工程监理制度已经基本确立，具有中国特色的工程监理法律法规及标准体系初步形成，工程监理企业规模和监理人才队伍稳步增长。要明确当前监理行业的主要任务：一是深化供给侧结构性改革，调整监理行业组织结构，提高队伍整体质量。重点强调加强标准化、信息化、诚信体系、人才队伍建设。二是严格履行职责，做好改革试点工作。

（一）完善监理法律法规体系，严把质量关

中国建设工程监理法律法规体系条款不少，然而在市场规则和市场运行机制方面的监理细则较少，需要不断地完善监理市场的法律法规体系，依照有法可依、有法必依的轨道发展。同时，要拟定规范化的监理措施，严守工程质量。具体方法为：首先，做好监理的准备工作。项目监理工程师进场之后，就要与建设单位取得联系，获取相关的监理合同、施工合同、施工许可证、施工图、地质勘查报告、中标通知书、招投标文件等，按照"先方案、再交底、后实施"的原则，进行认真审核。其次，要对承包单位的资质和保证体系进行质量控制，重点审查承包单位的营业执照、安全生产许可证、安全组织管理体系、质量保证体系等。最后，实施对工程的质量控制。施工前，要审核施工单位的施工测量放线记录等技术交底，还要对施工材料进行合格审核。施工过程中，监理要通过巡检、旁站、平行检验等方式，对施工单位的施工过程进行监督，对于不合格的施工方案要责令其及时纠正。施工后的验收程序中，要让承包单位进行三级自检，然后专业监理工程师再进行实地检测和核对，对于需要整改的部位下达整改通知书，验收合格之后才能签认。

（二）规范工程投资控制，追求效益最大化

为了规范建设工程的投资控制，可以将建设总目标进行细化，分解到各个施工环节，根据工程进度计划，拟定不同的月计划、季计划、周计划，从多个角度实施投资的控制。要注意监理的提前介入是投资控制的关键，有利于掌握证据，帮助建设单位优化设计方案，有效控制工程造价。

（三）规范工程监理进度控制

实现建设工程项目进度控制规范化，要以动态控制为切入点，对工程施工进度进行协调和控制，全面分析施工总进度计划，包括关键线路的可行性和合理性、天气变化因素、人员因素、材料因素等，对影响进度的风险因素进行预测、分析和排查，从而实现动态的监理控制。

（四）以市场需求为导向，培养高素质的监理人才队伍

中国工程监理行业发展的未来市场趋势是实现全方位、全过程的工程项目监理，在市场需求多元化的规律之下，要积极拓展监理服务内容，并加强对监理从业人员的培训工作，形成相当数量的高素质监理人员，打造出公信力强、品牌效应好的工程监理企业，以推动建设工程监理行业稳定快速增长。

四、行业创新发展新思路

工程咨询是咨询业一种模式，但不是唯一模式。只有跟上信息化发展，提高监理信息化水平和监理科技含量，才能提高这个行业的适应能力和工作能力。

（一）推动监理行业服务对象与范围的多元化

当监理行业已经正式步入综合完善的全过程以及全周期的严格管理状态，行业所涉及的内容与对象都将有所调整与完善，促进服务内容与对象逐渐向综合性与多元化的趋势发展，把监理市场内的核心主导当作隐性的服务对象与客户，并在此基础上不断拓宽眼界并革新观念。同时，监理企业还可以按照委托人所提出的具体标准需求，提供多项更具针对性与完善的服务内容，从而达到客户多元化的需求。

（二）推动服务能力以及服务视野的一体化

就推动监理企业未来的持续发展而言，监理企业应该在不断拓展服务范围与内容的基础上，从宏观的角度，开阔视野，推动服务能力以及服务视野的一体化。监理企业应该按照现阶段整体结构的具体施工程序与现代技术，开阔服务视野，对提升监理行业的综合能力高度重视。监理行业在日后发展方向中极易反映出横、纵向的发展状态，将开发产业资讯与建立应力形式构建成纵向发展形态；针对跨行业或者是跨地区这类可以获得合作共赢的监理形式为横向趋势。除此之外，监理行业不但需要对某一特定区域与行业的发展趋势以及资源进行充分地了解，还应该对其他相关地区与产业进行全面认识，从宏观视角上，对事物构成一种全新的认识，防止单一性以及制约性。而以世界、国家以及区域作为基础准则的行业计划以及营利形式必然会成为监理行业的发展核心。

总而言之，宏观上，就中国监理行业现阶段的发展而言，在行业进行转型升级以及创新发展的过程中，应该将工程管理发展的各项政策法律作为主要导向，对中国现阶段的市场要求以及法律政策进行充分了解，革新原有滞后的监理理念以及方式，不断推动中国工程管理工艺、理念以及形式的革新与优化，完善监理团队，进一步提升监理行业的信誉度，促进监理行业逐渐向智能化、多元化以及国际化的方向持续发展。

新时代建筑业全过程工程咨询的几点思考

蒋光标　中国华西工程设计建设有限公司

周成波　成都冠达工程顾问集团有限公司

摘　要：对于监理工作而言，确保工程建设质量以及投资效益等多方面内容具有不可小觑的作用与意义。在现阶段社会经济发展的新时期下，监理工作也为建筑行业带来了新的生机与困难。当下，工程监理行业应该时刻顺应市场经济的发展步伐与方向，在充分了解中国现阶段监理行业的发展情况后，可按照市场的实际需求，采取一切有效措施与手段，拓宽监理服务内容以及服务范围，尽可能地推动监理行业的新一轮转型与升级，从而促进监理行业的持续发展，推动监理行业创新。

关键词：监理现状发展　转型升级　招投标

一、建筑业工程项目咨询服务呈现的发展趋势

为了适应建设工程项目大型化、项目大规模融资及分散项目风险等需求，建设工程项目管理的发展势头呈现出集成化、国际化、信息化的趋势。

（一）项目管理集成化

在项目组织方面，业主转变自行管理模式为委托项目管理模式。由项目管理咨询公司作为业主代表或业主的延伸，根据其自身的资质、人才和经验，以系统和组织运作的手段及方法对项目进行集成化管理。包括项目前期决策阶段的准备工作，协助业主进行项目融资，对技术来源方进行管理，对各种设施、装置的技术进行统一和整合，对参与项目的众多承包商和供货商进行管理等。尤其是合同界面之间的协调管理，要确保各合同方之间的一致性和互动性，力求项目全寿命期内的效益最佳。

在项目管理理念方面，不仅注重项目的质量、进度和造价三大目标的系统性，更加强调项目目标的寿命周期管理。为了确保项目的运行质量，必须以全面质量管理的观点控制项目策划、决策、设计和施工全过程的质量。项目进度控制也不仅仅是项目实施（设计、施工）阶段的进度控制，而是包括项目前期策划、决策在内的全过程控制。项目造价的寿命周期管理是将项目建设的一次性投资和项目建成后的日常费用综合起来进行控制，力求项目寿命周期成本最低，而不是追求项目建设的一次性投资最省。

（二）项目管理国际化

随着经济全球化及中国经济的快速发展，在中国的跨国公司和跨国项目越来越多，中国的许多项目已通过国际招标、咨询等方式运作，中国企业走出国门在海外投资和经营的项目也在不断增加。特别是2001年，加入WTO后，中国的行业壁垒下降，国内市场国际化，国内外市场全面融合，使得项目管理的国际化正成为趋势和潮流。

（三）项目管理信息化

伴随着网络时代和知识经济时代的到来，项目管理的信息化、数字化已成为必然趋势。欧美发达国家的一些工程项目管理中运用了计算机网络技术，开始实现项目管理网络化、虚拟化。此外，许多项目管理单位已开始大量使用项目管理软件进行项目管理，同时还从事项目管理软件的开发研究工作。借助于有效的信息技术，将规划管理中的战略协调、运作管理中的变更管理、商业环境中的客户关系管理等与项目管理的核心内容（包括造价、成本、质量、安全、

进度、工期控制等项目管理目标）相结合，建立基于互联网的工程项目管理信息系统，已成为提高建设工程项目管理水平的有效手段。

二、实现建筑业全过程咨询组织模式的路径

（一）建筑业全过程工程咨询的几种组织形式

1. 合同工作内容包含投资咨询、勘察、设计、监理、招标代理、造价等全部工作内容，由一家或多家企业联合实施完成工程项目的全生命周期建设。

2. 合同内容包含两项及以上工作内容，如可研勘察设计＋监理、设计＋造价、策划可研＋设计、监理＋造价、造价＋BIM等，即为全过程工程咨询。

3. 包含前期策划、可研在内的为项目全过程咨询，不含前期策划、可研在内的为建造全过程咨询。

4. 代建分咨询代建（咨询公司不承担项目盈亏风险和利益）和风险型代建（咨询公司承担风险和利益），以咨询代建为主。

（二）全过程工程咨询的主要服务内容

为业主提供从建设项目前期投资咨询阶段、建造准备阶段、建造实施阶段、竣工验收交付阶段、运维阶段的全部或多个阶段的技术和管理咨询服务活动。

1. 前期投资咨询阶段：包括投资机会研究、项目建议书和可行性研究报告的编制或评估，以及其他专项咨询包含环境影响评价、项目安全评价、项目节能评价、社会稳定风险评价、水土保持评价、地质灾害危险性评估等咨询服务。

2. 建造准备阶段：包括工程勘察、工程设计、造价咨询、招标采购咨询等。

3. 建造实施阶段：包括造价过程控制咨询、设备材料采购咨询、合同管理咨询、施工监理咨询、人员培训咨询、BIM咨询等。

4. 竣工验收交付阶段：包括竣工验收、移交等。

5. 运营与维护阶段：办理工程竣工决算、运营维护（投产使用、缺陷责任期满、终身营维）、后评价直至拆除等。

（三）工程咨询业的特性

建设项目工程咨询业具有的4个特性：

1. 独立性。工程咨询业属于智力服务行业，在接受客户委托后，咨询专家独立于客户进行工作的开展。

2. 科学性。咨询专家利用科学技术、经济管理、法律等多种知识和信息，结合自身的经验，为客户在工程项目实施过程中遇到的各种问题提供科学、有效的解决方案。

3. 公正性。工程咨询专家需要从全局和整体利益来思考问题，要利用科学发展观及宏观意识来提出咨询意见，对于工程经济效益的实现需要从宏观和微观等方面进行考虑，以可持续发展的原则为基础。

4. 服务性。基于业主对工程咨询人的高度信任，通过业主对工程咨询人的书面授权，工程咨询人在授权范围内，全权代表业主履行项目管理职责，并对业主负责，工程咨询人不是业主，也不替代业主，而是做强业主，是业主管理的延伸和助手，急业主所急，想业主所想。所以工程咨询人必须以业主的利益为最高利益，对咨询成果负责，这项工作具有很强的服务性。

（四）全过程工程咨询的行业优势

全过程工程咨询模式的提出是政策导向和行业进步的体现。全过程工程咨询符合供给侧结构性改革的指导思想，有利于革除影响行业前进的深层次结构性矛盾，提升行业集中度；有利于集聚和培育适应新形势的新型建筑服务企业；有利于加快中国建设模式与国际建设管理服务方式的接轨。

在传统建设模式下，设计、施工、监理等单位分别负责不同环节和不同专业的工作，项目管理的阶段性、专业分工割裂了建设工程的内在联系。由于缺少全产业链的整体把控，容易出现信息流断裂和信息"孤岛"，使业主难以得到完整的建筑产品和服务。

（五）建设项目全过程咨询服务的实现路径

1. 业主管理团队＋专业咨询团队

业主自身具有较强的管理水平和能力，这种模式下，业主只需要工程咨询单位提供部分专业技术水平高的专业咨询人员加入业主管理团队中，给予专业技术性的支持。

2. 业主管理团队＋工程咨询单位组成一体化管理团队

业主与工程咨询单位组成共同的一体化管理团队，资源共享，技术力量互补。

3. 业主管理团队＋工程咨询单位（顾问型）

以业主管理团队为主，工程咨询单位只做咨询顾问的角色，不参与项目管理工作。

4. 业主全部委托工程咨询单位（即项目管理总承包）

项目管理总承包（PMC）是针对大型、复杂、管理环节多的项目所发展起的一种纯粹的管理模式。

PMC 作为一种新的项目管理方式，并没有取代原有的项目前期工作和项目实施工作，只是工程公司或项目管理公司受业主委托，代表业主对原有的项目前期工作和项目实施工作进行的一种管理、监督、指导。它是工程公司或项目管理公司利用其管理经验、人才优势对项目管理领域的拓展。因此，就其使用的管理理念、管理原则、管理程序、管理方法与以往的项目管理相比并没有什么不同。

1）PMC 模式中项目管理总承包商的主要工作内容如下：

（1）PMC 是业主的延伸，并与业主充分合作，确保项目目标的完成。

（2）完成基础工程设计包，负责组织 EP/EPC 的招标工作。

（3）完成 ±20% 及 ±10% 投资估算。

（4）负责编制初步设计并取得政府有关部门批准。

（5）为业主融资提供支持。

（6）在执行阶段，不管采用 EP+C 方案，还是 EPC 方案，PMC 都应对详细设计、采购和建设进行管理，PMC 也应直接参与试车直到投料的管理。投料后，PMC 要协助业主开车和性能考核。

2）优势

（1）有利于充分发挥设计在建设过程中的主导作用，使工程项目的整体方案不断优化。

（2）有利于克服设计、采购、施工相互制约和脱节的矛盾，使设计、采购、施工各环节的工作合理交叉，以确保工程进度和质量。

（3）这种专业化的工程公司和项目管理公司有与项目管理和工程总承包相适应的机构、功能、经验、先进技术、管理方法和人力资源，对项目实施的进

度、费用、质量、资源、财务、风险、安全等建设全过程实行动态、量化管理和有效控制，有利于达到最佳投资效益，以实现业主所期待的目标。

（4）PMC 模式也是具有多个承包商承建的大型项目，投资多元化，是政府投资项目对管理模式的基本要求。

3）项目管理模式分为代理型和承包风险型

（1）代理型项目管理总承包。项目管理方不是业主，是业主聘用的项目管理方，代理业主管理项目，项目决策报告业主后，由项目业主方作出决策，项目管理方不承担项目管理风险，也不分享管理成果所得。

（2）承包风险型项目管理总承包。项目管理单位在业主授权范围内，全权代表业主管理项目，大部分管理风险被转移到了管理承包商身上，对业主在人力、经验上基本无要求，可以使项目工期、成本和质量得到有效控制。项目管理单位对项目管理风险承担责任，分享项目管理成果带来的利益。

三、对建筑业全过程工程咨询发展的建议

（一）国家及相关部门应完善与"发改投资规〔2019〕515号文"相配套的法律法规、规范、标准等文件，使建设项目实施全过程工程咨询组织模式有法可依。同时，明确相关行政管理部门分工界限，以便项目全过程工程咨询落地后，报批报建通道的顺畅。

（二）各地方政府出台相应的法规，各行业协会应组织行业专家、有实力的咨询企业单位编制实施指南、招标文件示范文本、全过程工程咨询服务合同示

范文本和咨询成果交付标准等，以便建设项目全过程工程咨询在实操过程中有明确的标杆。同时，政府应加强监管，防止个别建设项目借"全过程工程咨询"之名，行"利益分割"之实。

（三）提高全社会的认知度

国家政府、企业单位、从业人员要加大对建筑业全过程工程咨询服务相关法规、规范、标准的宣传，让社会、投资人、业主等都知晓工程咨询业，提高全民对工程咨询业的认知度。

（四）全过程工程咨询企业应当根据企业自身的实际情况和整合资源的能力，选择适合自身发展之路。

1. 综合性的工程咨询企业（即 1+N 模式），这一方队的企业拥有一个咨询行业领军人物的企业领袖，其具有敏锐的洞察力和企业战略的决策力；拥有很强技术的勘察设计团队和综合管理力量的项目管理团队；拥有互联网+、大数据、人工智能等高科技管理平台；拥有国家招标法规所要求的各类工程最高资质等级；具有从事建设项目前期投资咨询、勘察、设计、招标代理、造价咨询、工程监理、项目运营咨询等全过程、全方位、全生命周期的咨询服务的能力；处于执工程咨询行业牛耳的领先地位。这一方队的咨询企业现在不多，将来很长一段时间内也不会太多。

2. 全过程项目管理咨询企业（即 1+N+X 模式），这一类企业具有国家招标法规所要求的两类及以上的资质（即 1+N），具有很强的组织管理能力，能够作为牵头单位取得建设项目全过程工程咨询业务，能够独立完成企业自身所具有的资质等级的业务服务活动；其他咨询业务（即 X）可以采用联合体承包的模式由其他咨询单位来完成，也可以由

牵头单位以专业分包的形式转委托给其他几个专业咨询公司来完成。这一类企业必须要有自身的强项，有很强的资源整合能力。这一方队的咨询企业数量最多，竞争异常激烈，在向第一方队转型升级过程中，有极少部分通过整合资源、并购重组而获得成功，晋级为第一方队的一员，但也有部分将终结在转型升级的路上。

3.专业性工程咨询企业，这一类咨询企业具有明显的业务单一性，但是它们的专业性很强，技术水平很高，本专业研究很深，具有本专业内很强的生存能力。这一方队的咨询企业数量次之，部分企业若充分发挥自身优势，同时不断整合资源或并购重组，还是可以晋升为第二个方队的。当然，在建筑技术日新月异的当下，新产品、新工艺、新材料、新技术层出不穷，若只顾埋头拉车，不管抬头看路，也不望天，这类咨询企业也很容易走向技术屏障，最后无疾而终。

不管是处于哪种类型的工程咨询企业，都要与时代相伴，与国家同步，时代最需要什么？国家最需要什么？解答这些问题是我们这一代工程咨询人的使命，工程咨询企业应从国家宏观决策、时代大势所趋的高度及时调整企业的发展战略，科技创新、管理创新、互联网、大数据、人工智能等高科技为企业赋能，高质量、高速度地发展建设项目全过程工程咨询，为国家建设服务，为"一带一路"倡仪建设服务。

（五）全过程工程咨询人才的培养

"行军易得，一将难求"，全过程工程咨询缺失人才，特别是缺少建设项目总负责人——总咨询师。总咨询师是全过程工程咨询成功的关键所在，除了自身的施工技术和必要的项目管理水平这些基本能力外，关键还有技术以外的功夫。古人要我们做学问要做到博古通今，且从三个不同层次来说，第一是宏观层面，总咨询师要广览天下、博览群书、胸怀大志、行千里路破万卷书，从管理学、组织学理论来看，总咨询师需具有高成就感，容易被激励，工作才能有激情，要敢为天下先。第二是中观层面，总咨询师要胸有丘壑、笔下鬼神，"统帅何须言军马，胸中自有百万兵"。有人总强调实践出真知，但是还有一方面就是理论指导实践。在实践中，不断模拟演练能够对项目情况了如指掌，项目的关键节点、控制要点、重点难点以及解决方案均了然于心、指挥自如，真是"运筹帷幄之中、决胜千里之外"。第三是微观层面，就是要突出重点，抓重难点，抓控制性工程、抓形象工程、抓民心工程，以小功积大功，以小变带动大局面的变化，让项目利益相关方不断看到变化，增强信心，化解消极情绪和态度，促成各方积极参与，达到共赢、共享。

人才培养是当前许多工程咨询企业迫不及待需要做的大事。对咨询企业来说，取得项目还得要有能力实施项目，为业主解决痛点，为建设项目增值，为企业赢得口碑，做到这些才能说项目成功了。要想使项目获得成功，必须有懂技术、会经济、通法律、精管理的高端咨询人才参与第一线管理。全过程工程咨询兴起之时，企业需要"能说会做"，懂得业主的需求，才能解决具体实际的问题，能获得胜利；这就需要具有前期策划与评价、设计优化、EPC、PPP、RIM等全过程工程咨询管理能力的全面人才。我们站在建筑行业的风口浪尖，个人成长要跟随企业成长，企业成长要带动一批人成长。

所以，除了全过程工程咨询从业人员加强自身学习、专业技能提升外，更为重要的是咨询企业要针对组织机构优化、管理模式创新、岗位设置、职位职责、绩效考核、工薪制度、人才引进、人才培养、人才晋升以及留住人才等形成一套适合本企业长远发展要求的制度体系，这样企业才能长久持续发展。

四、主要存在的困难与不利之处

（一）中国城市工程建设作为建筑业主体的投资高峰期已过，今后的建设规模只会缩减，使得国内进行工程实践的平台也相应缩小。

（二）原先各类工程咨询企业的业务与全过程管理的要求相比均有整体缺失，人才缺口较大、人工成本高昂，企业管理经验的积累又需较长时间，要想成长为成熟的全过程咨询公司，还需要较大的资金投入和较长的实践过程，未来还有一段曲折的路要走。

参考文献

[1] 丁士昭. 工程项目管理 [M]. 北京：高等教育出版社，2017.

[2] 卢国华，成虎. 工程设计咨询企业服务能力评价体系研究 [J]. 建筑经济，2016（8）：20—23.

[3] 李文龙. 管理学 [M]. 北京：中国华侨出版社，2016.

《中国建设监理与咨询》征稿启事

《中国建设监理与咨询》是中国建设监理协会与中国建筑工业出版社合作出版的连续出版物，侧重于监理与咨询的理论探讨、政策研究、技术创新、学术研究和经验推介，为广大监理企业和从业者提供信息交流的平台，宣传推广优秀企业和项目。

一、栏目设置：政策法规、行业动态、人物专访、监理论坛、项目管理与咨询、创新与研究、企业文化、人才培养等。

二、投稿邮箱：zgjsjlxh@163.com，投稿时请务必注明联系电话和邮寄地址等内容。

三、投稿须知：

1. 来稿要求原创，主题明确、观点新颖、内容真实、论据可靠；图表规范、数据准确、文字简练通顺，层次清晰、标点符号规范。

2. 作者确保稿件的原创性，不一稿多投、不涉及保密、署名无争议，文责自负。本编辑部有权作内容层次、语言文字和编辑规范方面的删改。如不同意删改，请在投稿时特别说明。请作者自留底稿，恕不退稿。

3. 来稿按以下顺序表述：①题名；②作者（含合作者）姓名、单位；③摘要（300字以内）；④关键词（2~5个）；⑤正文；⑥参考文献。

4. 来稿以4000~6000字为宜，建议提供与文章内容相关的图片（JPG格式）。

5. 来稿经录用刊载后，即免费赠送作者当期《中国建设监理与咨询》一本。

本征稿启事长期有效，欢迎广大监理工作者和研究者积极投稿！

欢迎订阅《中国建设监理与咨询》

《中国建设监理与咨询》面向各级建设主管部门和监理企业的管理者和从业者，面向国内高校相关专业的专家学者和学生，以及其他关心我国监理事业改革和发展的人士。

《中国建设监理与咨询》内容主要包括监理相关法律法规及政策解读；监理企业管理发展经验介绍和人才培养等热点、难点问题研讨；各类工程项目管理经验交流；监理理论研究及前沿技术介绍等。

《中国建设监理与咨询》征订单回执（2020年）

订阅人信息	单位名称					
	详细地址				邮编	
	收件人				手机号码	
出版物信息	全年（6）期	每期（35）元	全年（210）元/套（含邮寄费用）		付款方式	银行汇款
订阅信息						
订阅自2020年1月至2020年12月，_____套（共计6期/年）　　付款金额合计￥_____元。						
发票信息						
□开具发票（电子发票由此地址 absbook@126.com 发出） 发票抬头：_____　　　　　　纳税人识别号：_____ 发票类型：一般增值税发票 接收电子发票邮箱：						
付款方式：请汇至"中国建筑书店有限责任公司"						
银行汇款 □ 户　名：中国建筑书店有限责任公司 开户行：中国建设银行北京甘家口支行 账　号：1100 1085 6000 5300 6825						

备注：为便于我们更好地为您服务，以上资料请您详细填写。汇款时请注明征订《中国建设监理与咨询》并请将征订单回执与汇款底单一并传真或发邮件至中国建设监理协会信息部，传真 010-68346832，邮箱 zgjsjlxh@163.com。

联系人：中国建设监理协会　王月、刘基建，电话：010-68346832

中国建筑工业出版社　焦阳，电话：010-58337250

中国建筑书店　王建国、赵淑琴，电话：010-68344573（发票咨询）

《中国建设监理与咨询》协办单位

 北京市建设监理协会 会长：李伟	中国铁道工程建设协会 副秘书长兼监理委员会主任：麻京生	机械监理 中国建设监理协会机械分会 会长：李明安	京兴国际工程管理有限公司 执行董事兼总经理：陈志平
北京兴电国际工程管理有限公司 董事长兼总经理：张铁明	北京五环国际工程管理有限公司 总经理：汪成	中国电建 POWERCHINA 咨询北京有限公司 BEIJING CONSULTING CORPORATION LIMITED 中国水利水电建设工程咨询北京有限公司 总经理：孙晓博	鑫诚建设监理咨询有限公司 董事长：严弟勇 总经理：张国明
北京希达工程管理咨询有限公司 总经理：黄强	中船重工海鑫工程管理（北京）有限公司 总经理：姜艳秋	中咨工程建设监理有限公司 总经理：鲁静	MCC 赛瑞斯咨询 北京赛瑞斯国际工程咨询有限公司 总经理：曹雪松
ZY GROUP 中建卓越 卓越二十年 中建卓越建设管理有限公司 董事长：邬敏	天津市建设监理协会 理事长：郑立鑫	河北省建筑市场发展研究会 会长：蒋满科	山西省建设监理协会 会长：苏锁成
山西省煤炭建设监理有限公司 总经理：苏锁成	山西省建设监理有限公司 名誉董事长：田哲远	山西协诚建设工程项目管理有限公司 董事长：高保庆	山西煤炭建设监理咨询有限公司 执行董事、经理：陈怀耀
CHD 华电和祥 华电和祥工程咨询有限公司 党委书记、执行董事：赵羽斌	DC 太原理工大成工程有限公司 董事长：周晋华	SZICO 山西震益工程建设监理有限公司 董事长：黄官狮	 神剑 SHENJIAN 山西神剑建设监理有限公司 董事长：林群
山西省水利水电工程建设监理有限公司 董事长：常民生	正元监理 晋中市正元建设监理有限公司 执行董事兼总经理：李志涌	CSGC 陕西中建西北工程监理有限责任公司 总经理：张宏利	XJPM 新疆工程建设项目管理有限公司 总经理：解振学 经营部：顾友文
mx 吉林梦溪工程管理有限公司 总经理：张惠兵	中国通信服务 CHINA COMSERVICE 中通服项目管理咨询有限公司 董事长：唐亮	DBCM 大保建设管理有限公司 董事长：张建东 总经理：肖健	上海市建设工程咨询行业协会 会长：夏冰
 建科咨询 JKEC 上海建科工程咨询有限公司 总经理：张强	上海振华工程咨询有限公司 Shanghai Zhenhua Engineering Consulting Co., Ltd. 上海振华工程咨询有限公司 总经理：梁耀嘉	BUREAU VERITAS SPM 上海建设监理咨询 上海市建设工程监理咨询有限公司 董事长兼总经理：龚花强	同济咨询 TJEC 上海同济工程咨询有限公司 董事总经理：杨卫东
武汉星宇建设工程监理有限公司 董事长兼总经理：史铁平	胜利监理 SHENGLI PROJECT MANAGEMENT 山东胜利建设监理股份有限公司 董事长兼总经理：艾万发	GDHM 广东宏茂建设管理有限公司 董事长、法定代表人：郑伟生	江苏建科建设监理有限公司 董事长：陈贵 总经理：吕所章
LCPM 连云港市建设监理有限公司 董事长兼总经理：谢永庆	江苏赛华建设监理有限公司 董事长：王成武	温州市全过程工程咨询与监理协会 会长：夏章义 秘书长：金建成	安徽省建设监理协会 会长：陈磊
合肥工大建设监理有限责任公司 总经理：王章虎	江南管理 浙江江南工程管理股份有限公司 董事长总经理：李建军	华东咨询 HUADONG CONSULTING 浙江华东工程咨询有限公司 董事长：叶锦锋 总经理：吕勇	浙江嘉宇工程管理有限公司 ZHEJIANG JIAYU PROJECT MANAGEMENT CO.,LTD 浙江嘉宇工程管理有限公司 董事长：张建 总经理：卢甬
QSH 浙江求是工程咨询监理有限公司 董事长：晏海军	甘肃省建设监理有限责任公司 Gansu Construction Supervision Co.,Ltd. 甘肃省建设监理有限责任公司 董事长：魏和中	FZCRA 福州市建设监理协会 理事长：饶舜	厦门海投建设咨询有限公司 党总支部书记、执行董事、法定代表人兼总经理：蔡元发

《中国建设监理与咨询》协办单位

驿涛项目管理有限公司 董事长：叶华阳	业达建设管理有限公司 总经理：倪莉莉	河南省建设监理协会 会长：陈海勤	建基工程咨询有限公司 副董事长：黄春晓
郑州中兴工程监理有限公司 执行董事兼总经理：李振文	新疆昆仑工程咨询管理集团有限公司 总经理：曹志勇	河南清鸿建设咨询有限公司 董事长：贾铁军	陕西华茂建设监理咨询有限公司 总经理：阎平
河南省光大建设管理有限公司 董事长：郭芳州	中元方工程咨询有限公司 董事长：张存钦	方大国际工程咨询股份有限公司 董事长：李宗峰	河南长城铁路工程建设咨询有限公司 董事长：朱泽州
河南兴平工程管理有限公司 董事长兼总经理：洪源	湖北省建设监理协会 会长：刘治栋	武汉华胜工程建设科技有限公司 董事长：汪成庆	湖南省建设监理协会 常务副会长兼秘书长：屠名瑚
华春建设工程项目管理有限责任公司 董事长：王勇	湖南长顺项目管理有限公司 董事长：潘祥明 总经理：黄劲松	广东省建设监理协会 会长：邓强	广州市建设监理行业协会 会长：肖学红
深圳市监理工程师协会 会长：方向辉	广东工程建设监理有限公司 总经理：毕德峰	广州广骏工程监理有限公司 总经理：施永强	西安四方建设监理有限责任公司 总经理：杜鹏宇
重庆市建设监理协会 会长：雷开贵	重庆赛迪工程咨询有限公司 董事长兼总经理：冉鹏	重庆联盛建设项目管理有限公司 总经理：雷开贵	重庆华兴工程咨询有限公司 董事长：胡明健
重庆正信建设监理有限公司 董事长：程辉汉	重庆林鸥监理咨询有限公司 总经理：肖波	林同棪（重庆）国际工程技术有限公司 总经理：祝龙	四川二滩国际工程咨询有限责任公司 董事长：郑家祥
中国华西工程设计建设有限公司 董事长：周华	云南省建设监理协会 会长：杨丽	云南新迪建设咨询监理有限公司 董事长兼总经理：杨丽	云南国开建设监理咨询有限公司 董事长兼总经理：黄平
贵州省建设监理协会 会长：杨国华	贵州建工监理咨询有限公司 总经理：张勤	贵州三维工程建设监理咨询有限公司 董事长：付涛 总经理：王伟星	西安高新建设监理有限责任公司 董事长兼总经理：范中东
西安铁一院工程咨询监理有限责任公司 总经理：杨南辉	西安普迈项目管理有限公司 董事长：李三虎	内蒙古科大工程项目管理有限责任公司 董事长：乔开元	云南城市建设工程咨询有限公司 董事长：杨家骏
河北中原工程项目管理有限公司 董事长：王亚东	青岛东方监理有限公司 董事长：胡民 总经理：刘永峰		

成都凤凰山体育中心

杭州萧山国际机场三期项目新建航站楼及陆侧交通中心工程建设项目I标段全过程工程咨询

上海中心

宁波中心大厦

全国300余轨道交通各类型专业服务项目

中国科学技术大学高新园区（一期）

中国博览会会展综合体

义乌大剧院全过程咨询

![上海建科 SRIBS]

上海建科工程咨询有限公司

企业情况

上海建科工程咨询有限公司是上海市建筑科学研究院（集团）有限公司下属的国有控股公司，隶属上海国资委。从事业务范围包括工程咨询、项目管理、工程监理、造价咨询、招标代理、建筑设计等全过程工程咨询服务。截至2019年，通过依托上海、面向全国的服务宗旨，先后在全国30个省市自治区直辖市以及柬埔寨、以色列等海外市场开展业务。

创新发展

公司1987年为海仑宾馆提供监理服务，自此成为上海市建设行政主管部门指定的建设工程监理试点单位，1993年10月经建设行政主管部门批准为甲级监理单位。公司注重科技研发，获得"上海市质量金奖"荣誉，2014年获评"上海市认定企业技术中心"，2017年入选全国第一批全过程工程咨询试点单位名单。公司拥有员工5000多人，其中博士20名，硕士385名。成立至今，公司承接工程项目达6000多项，工程总投资过万亿人民币。所监理的工程获得众多奖项，获得国家级奖百余项，获得省部级奖项600余项。

严格管理

公司管理体系严格，对驻现场项目团队执行系统化、规范化、程序化的管理要求，根据新版ISO9001：2015国际标准进行了贯标工作，通过认证机构审核获得中国质量体系认证CNAR证书及英国皇家认可委员会的UKAS证书。现场项目团队执行标准化、科学化的工作程序，为客户提供满意的建设工程咨询服务。

公司合同信用等级为AAA级，资信等级为AAA级。公司多次被评为全国先进建设监理单位，上海市立功竞赛优秀公司、金杯公司；被评为抗震救灾先进集体、全国建设监理行业抗震救灾先进企业、全国建设工程咨询监理服务客户满意十佳单位，另还获其他各类集体荣誉几十项。

地　址：上海市徐汇区宛平南路75号建科大厦6楼
电　话：021-64688758
传　真：021-64688102
联系人：杨星光
邮　编：200032
邮　箱：http：//www.jkec.com.cn

深圳医院项目群II标段全过程咨询

绍兴高铁北站站前TOD项目全过程咨询

河北省建筑市场发展研究会

一、协会概况

河北省建筑市场发展研究会是在全面响应河北省建设事业"十一五"规划纲要的重大发展目标下，在河北省住房和城乡建厅致力于成立一个具有学术研究和服务性质的社团组织愿景下，由原河北省建设工程项目管理协会重组改建成立，定名为"河北省建筑市场发展研究会"。2006年4月，经省民政厅批准，河北省建筑市场发展研究会正式成立。河北省建筑市场发展研究会接受河北省住房和城乡建设厅业务指导，河北省民政厅监督管理。

二、协会宗旨

遵守宪法、法律、法规和国家政策，践行社会主义核心价值观，遵守社会道德风尚；以邓小平理论和"三个代表"重要思想为指导，深入贯彻落实科学发展观，认真贯彻执行法律、法规和国家、河北省的方针政策，维护会员的合法权益，及时向政府有关部门反映会员的要求和意见，热情为会员服务，引导会员遵循"守法、诚信、公正、科学"的职业准则，促进河北省社会主义现代化建设事业、建设工程监理和造价咨询事业的健康、协调、可持续发展。

三、协会业务范围

（一）宣传贯彻国家和省工程监理、造价咨询的有关法律、法规和方针政策；

（二）深入实际调查研究，准确把握河北省监理、造价咨询实际和国内外的发展趋势，提供研究成果，为政府主管部门决策和管理提供科学的依据；

（三）维护会员合法权益，加强行业自律，促进工程监理、造价咨询企业发展，制定并组织实施行业的规章制度、职业道德准则等行规行约，推动工程监理、造价咨询企业及从业人员诚信建设，开展行业自律活动；

（四）开展多种形式的与工程监理、造价咨询业务相关的业务知识培训和继续教育，举办有关的法律、法规、新技术培训，努力提高会员的法律意识和技术业务水平；

（五）组织开展监理、造价咨询企业讲座、论坛、经验交流、学术交流和合作、学习考察，建立专家库、师资库，提供政策法规、业务知识等咨询和服务；

（六）承办或参与社会公益性活动；

（七）组织与研究会有关的评奖活动；

（八）编辑出版发行《河北建筑市场研究》会刊、培训教材、培训课件、业务知识相关资料，编印相关资料，建立研究会网站，提供相关信息服务；

（九）完成河北省住房和城乡建设厅及中国建设监理协会、中国建设工程造价咨询协会委托和交办的工作。

四、协会会员

研究会会员分为单位会员、个人会员。

从事建设工程监理、造价咨询业务并取得相应工程监理企业、造价咨询企业资质等级证书的企业，可申请成为单位会员；取得监理工程师执业资格或其他相关执业资格、具有中专以上工程或工程经济类相关专业的监理、造价从业人员，可申请成为个人会员。

五、协会单位会员数量

监理单位会员346家，造价咨询单位会员360家。

六、协会秘书处

研究会常设机构为秘书处，下设三个部门：综合办公室、监理部、造价部。

七、协会宣传平台

（一）河北省建筑市场发展研究会网站

（二）《河北建筑市场研究》杂志季刊

（三）河北建筑市场发展研究会微信公众号

八、助力脱贫攻坚

研究会党支部联合会员单位，2018年助力河北省住建厅保定市阜平县脱贫攻坚工作，为保定市阜平县史家寨中学筹集善款11.8万元，用于购买校服和体育器材；2019年为保定市阜平县史家寨村筹集善款15.55万元，修建1000米左右防渗渠等基础设施，制作部分晋察冀边区政府和司令部旧址窑洞群导图、指示牌和标识标牌，购置脱贫攻坚必要办公用品。

九、众志成城共抗疫情

新型冠状病毒感染肺炎疫情发生以来，河北省建筑市场发展研究会及党支部发出《关于积极配合做好新型冠状病毒疫情防控工作倡议书》，研究会、党支部及员工，单位会员和个人会员第一时间作出响应，作好疫情防控的同时，发挥自身优势，多方筹措防控物资，捐款捐物，合计捐款189.97万元。

十、协会荣誉

中国建设监理协会常务理事单位

2018年度荣获中国社会组织评估3A等级社会组织

2018年度荣获河北省民政厅助力脱贫攻坚先进单位

2019年度荣获河北省民政厅助力脱贫攻坚突出贡献单位

地　址：石家庄市靶场街29号
邮　编：050080
电　话：0311-83664095
网　址：www.jzscyj.cn
邮　箱：hbjzscpx@163.com

2018年社会组织评估3A等级

2018年度助力脱贫攻坚先进单位

2019年度助力脱贫攻坚突出贡献单位

2019年4月11日上午召开三届五次监理企业会长办公会

2019年4月11日下午召开三届一次监理专家委员会

2019年5月13日召开关于进一步贯彻落实工程监理单位安全生产管理法定职责的会议

2019年5月23日研究会组织部分监理专家去湖南省调研

2019年6月11—12日召开监理专家委员会分组讨论会议

2019年6月14日召开三届六次监理企业会长办公会

2019年9月28日举行"一路走来，感恩有你"助力脱贫攻坚社会公益捐赠健步走活动

2019年10月25日召开监理专家委员会会议

2019年12月19日召开三届七次监理企业会长办公会

中船重工海鑫工程管理（北京）有限公司

2MW 变速恒频风力发电机组产业化建设项目工程（45979.04m²）

北京市 LNG 应急储备工程

北京炼焦化学厂能源研发科技中心工程（148052m²）

北京太平洋城 A6 号楼工程
（104414.93m²）

工业和信息化部综合办公楼工程

天津临港造修船基地造船坞施工全景图

北京市通州区台湖镇（约52.56万平方米），工程造价20亿元

中船重工海鑫工程管理（北京）有限公司（前身为北京海鑫工程监理公司）成立于1994年1月，是中国船舶重工集团国际工程有限公司的全资子公司。

中船重工海鑫工程管理（北京）有限公司是中国船舶重工系统最早建立的甲级监理单位之一，是中国建设监理协会理事单位、船舶建设监理分会会长单位、北京市建设监理协会会员。公司拥有房屋建筑工程监理甲级、机电安装工程监理甲级、港口与航道工程监理甲级、市政公用工程监理甲级、人民防空工程监理甲级、电力工程监理乙级等监理资质。入围中央国家机关房屋建筑工程监理定点供应商名录、北京市房屋建筑抗震节能综合改造工程监理单位合格承包人名册。

公司经过20年的发展和创新，积累了丰富的工程建设管理经验，发展成为一支专业齐全、技术力量雄厚、管理规范的一流监理公司。

公司专业齐全、技术力量雄厚

公司设立了综合办公室、市场经营部、技术质量安全部、工程管理部、产业开发部、财务部、总共办公室7个部门。下设云南分公司、山西分公司及2个事业部。目前，有员工234名，其中教授级高工6人，高级工程师68人，工程师122人，涉及建筑、结构、动力、暖通、电气、经济、市政、水工、设备、测量、无损检测、焊接等各类专业人才；具有国家注册监理工程师、安全工程师、设备监理工程师、造价工程师、建造师等资格45人，具有各省、市及地方和船舶行业执业资格的监理工程师75人。能适应于各类工业与民用建筑工程、港口与航道工程、机电安装工程、市政公用工程、人防工程等建设项目的项目管理和监理任务。

公司管理规范

公司制度完善，机制配套，通过 ISO9001：2015 质量体系认证、ISO14001：2015 环境管理体系认证、OHSAS18001：2015 职业健康安全管理体系。公司推行工序确认制度和"方针目标管理考核"制度，形成了一套既符合国家规范又具有自身特色的管理模式。中船重工海鑫工程管理（北京）有限公司以中船重工建筑设计研究院有限公司为依托，设有技术专家委员会，专门研究、解决论证公司所属项目重大技术方案课题，协助实施技术攻关，为项目提供技术支持，保证项目运行质量。同时，公司在工程监理过程中，积极探索科学项目管理新模式。成立 BIM 专题组，对项目进行模拟仿真实时可视化虚拟施工演示，在加强有效管控的同时，降低成本、减少返工、调节冲突，并为决策者制定工程造价、进度款管理等方面提供依据。

公司监理业绩显著

本公司成立以来，获得中国建设监理协会2010年和2012年度先进工程监理企业荣誉称号；2015年、2018年均荣获北京市建设行业诚信监理企业荣誉称号；获得北京建设监理协会2010—2011年度先进工程监理企业荣誉称号；并多次获得中国建设监理协会船舶监理分会先进工程监理企业单位。承接的大型工业与民用建设工程的工程监理项目中，公司积累了非常丰富的监理经验，其中60余项工程获得北京市及地方政府颁发的各类奖励：获北京市长城杯优质工程奖的有22项，其他直辖市或省地方优质工程奖的有19项，2014—2015年度荣获建设工程鲁班奖。

公司恪守"以人为本，用户至上，以诚取信，服务为荣"的经营理念，坚持"依法监理，诚信服务，业主满意，持续改进"的质量方针，遵循"公正、独立、诚信、科学"的监理准则，在监理过程中严格依据监理合同及业主授权，为客户提供有价值的服务，创造有价值的产品。

公司依靠与时俱进的经营管理、制度创新、人才优势和先进的企业文化，为各界朋友提供一流的服务。凭借健全的管理体制、良好的企业形象以及过硬的服务质量，有力地提高了公司的软实力和竞争力。

今后公司将一如既往，以"安全第一，质量为本"的优质服务，注重环保的原则；努力维护业主和其他各方的合法权益，主动配合工程各方创建优良工程，积极为国家建设、船舶工程事业及各省市地方建设作贡献。

地　址：北京市朝阳区双桥中路北院 1 号
电　话：010-85394832　　010-85390282
传　真：010-85394832　　邮　编：100121
邮　箱：haixin100121@163.com

云南省建设监理协会

云南省建设监理协会（以下简称"协会"）成立于1994年7月，是云南省境内从事工程监理、工程项目管理及相关咨询服务业务的企业自愿组成的区域性、行业性、非营利性的社团组织。其业务指导部门是云南省住房和城乡建设厅，社团登记管理机关是云南省民政厅。2018年4月，经中共云南省民政厅社会组织委员会的批复同意，"中共云南省建设监理协会支部"成立。2019年1月，被云南省民政厅评为5A级社会组织。目前，协会共有189家会员单位。

协会第六届管理机构包括：理事会、常务理事会、监事会、会长办公会、秘书处，并下设期刊编辑委员会、专家委员会等常设机构。26年来，协会在各级领导的关心和支持下，严格遵守章程规定，积极发挥桥梁纽带作用，加强企业与政府、社会的联系，了解和反映会员诉求，努力维护行业利益和会员的合法权益，并通过行业培训、行业调研与咨询和协助政府主管部门制定行规行约等方式不断探索服务会员、服务行业、服务政府、服务社会的多元化功能，努力适应新形势，谋求协会新发展。

地　址：云南省昆明市西山区迎海路8号
　　　　金都商集11幢2号
电　话：（0871）64133535
传　真：（0871）64168815
邮　编：650228
网　址：http://www.ynjsjl.com/
邮　箱：ynjlxh2016@qq.com

云南省建设监理协会
微信公众号二维码

《云南省建设工程监理规程（送审稿）》审查会召开

开展云南省房屋市政工程监理报告制度宣贯培训

扫黑除恶专项斗争宣讲会议召开

召开会长办公会商议确定协会年度工作重点

举办监理业务培训

2019年通联工作会召开

中国石油四川石化千万吨炼化一体化工程项目　　新疆独山子千万吨炼油及百万吨乙烯项目

神华包头煤化工有限公司煤制烯烃分离装置　　辽宁华锦化工集团乙烯原料改扩建工程

中石油广西石化千万吨炼油项目　　湖南销售公司长沙油库项目

尼日尔津德尔炼厂全景　　澜沧江三管中缅油气管道及云南成品油管道工程

吉化24万吨污水处理场　　吉林石化数据中心

吉林经济开发区道路

吉林梦溪工程管理有限公司

　　吉林梦溪工程管理有限公司，1992年11月成立，原名"吉林工程建设监理公司"，隶属于吉化集团公司，1999年3月独立运行；2000年，随吉化集团公司划归中国石油天然气集团公司；2007年9月，划归中国石油东北炼化工程有限公司；2010年1月6日更名为吉林梦溪工程管理有限公司；2017年1月1日划归中国石油集团工程有限公司北京项目管理分公司。

　　吉林梦溪工程管理有限公司拥有国家住房和城乡建设部颁发的工程监理综合资质，国家质量监督检验检疫总局、国家发展和改革委员会及中国设备监理协会颁发的设备监理甲级资质，吉林省住房和城乡建设厅颁发的工程招标代理资质，吉林省商务厅颁发的对外承包工程资格证书。吉林梦溪工程管理有限公司是以工程项目管理为主导、工程监理为核心、带动设备监造等其他业务板块快速发展的国内大型项目管理公司。吉林梦溪工程管理有限公司服务领域涉及油田地面工程、长输管道工程、炼化工程、煤化工工程、储运工程、冶金工程、生化能源工程、机电工程、市政工程、房屋建筑工程。能够为客户提供基本建设项目管理解决方案、项目管理团队，可开展项目管理、工程监理、设备监造、招标代理、项目策划、检维修监理、造价咨询、安全咨询、竣工验收等业务。

　　目前，吉林梦溪工程管理有限公司市场范围已覆盖全国25个省、自治区、直辖市，业务遍及十余家大型国有企业集团。中石油系统内，服务于油气田板块的大庆油田、吉林油田、塔里木油田、西南油气田和青海油田；炼化板块的24家地区公司；销售板块的10家销售单位；天然气与管道储运板块的管道建设项目部、管道公司、西气东输、西部管道、西南管道、昆仑燃气、昆仑能源等。中石油系统外，主要服务于中石化、中海油、延长集团、中国化工、中化、神华、中煤、大唐、国电、华电、中粮、中丝、兵器工业、金川冶金、重庆化医、山东正和及国家物资储备局等国有大型企业集团，以及浙江石油化工、河北盛腾化工、新疆鸿昌通达化工等民营企业。参与国外及涉外项目有中石油援建尼日尔100万吨炼厂项目、德国BASF公司独资的重庆MDI项目、俄罗斯亚马尔LNG模块化制造项目、哈萨克斯坦硫黄回收项目、恒逸文莱PMB石油化工项目等。

　　吉林梦溪工程管理有限公司始终坚持"追求卓越、永续发展"的企业宗旨和"艰苦奋斗、务实创新"的企业精神，现已发展成为中国石油化工行业监理的龙头企业，企业排名始终处于全国工程监理行业百强。截至目前，吉林梦溪工程管理有限公司共承揽工程监理、项目管理和设备监理等业务1500余项，项目投资2100亿元。公司监管的项目获得新中国成立60周年百项经典暨精品工程奖、鲁班奖、国家优质工程奖、全国化学工业优质工程奖等国家级奖项22项，获得中国石油优质工程奖、辽宁省优质工程奖、甘肃省优质工程奖等省部级奖项61项，并参与创造了多项工程建设的新纪录。2017年，公司获"2017年中国石化行业百佳供应商"荣誉称号、吉林省"先进监理企业"荣誉称号；2018年，获得第四届全国优秀设备工程监理单位奖；2019年，获得"吉林省重服务守信用百强企业"荣誉称号，等等。

上海市建设工程监理咨询有限公司

公司成立于1993年，经国家建设部核定，首批取得国家级工程监理综合资质。2014年"上海市建设工程监理有限公司"更名为"上海市建设工程监理咨询有限公司"。2017年公司加入必维国际检验集团，更加提升了综合工程咨询服务水平，以打造国内领先、国际先进的工程咨询企业。

公司具有工程监理综合资质等十多项资质，拥有众多专业知名专家咨询服务团队。本着"诚信、创新、增值、典范"的企业精神，依靠技术管理优势、人才队伍优势，公司向全国各区域提供包括工程监理、全过程工程咨询、项目管理、造价咨询、招标代理、BIM咨询、既有建筑服务等多元化专业咨询服务。

2007年公司监理的当时国内第一高楼"上海环球金融中心（492米）"竣工，先后又承接了全国多栋超级摩天大楼项目。如：深圳平安金融中心（660米）、天津高银117大厦（597米），深圳京基金融中心（441米）、深圳湾华润总部大厦（400米）、西安中国国际丝路中心（501米）等，均为标志性建筑。

公司优势领域还有大型枢纽机场航站楼、地铁及交通枢纽等监理咨询。如：深圳宝安机场、昆明长水机场、广州白云机场、武汉天河机场、青岛胶东机场、海口美兰机场、贵阳龙洞堡机场、南宁吴圩机场等。地铁及交通枢纽，如：上海地铁、虹桥交通枢纽（西），武汉地铁、杭州地铁、绍兴地铁、南昌地铁、深圳地铁、青岛地铁、天津地铁、哈尔滨地铁等项目，业内有口皆碑。

公司多元化的优质服务也体现在各种业态领域，包括城市综合体、市政、水利、环保等城市基础设施、既有建筑改造等工程咨询，如：世博会石油馆、英国馆、非洲联合馆等工程，国家电网企业馆及世博会后相关工程，上海东方渔人码头、白玉兰广场、外滩国际金融服务中心、上海天文馆、中国国际贸易中心、中国商飞总部大楼、500千伏虹杨输变电站、迪士尼乐园——酒店等重大项目。

公司注重企业文化建设，倡导"诚信文化、精英文化、人本文化"；注重SPM品牌、质量安全和诚信体系建设；近10年来，累计承接各类工程项目2700多项，监理的项目总投资达6000多亿人民币。工程合格率100%，优良率90%以上。得到众多客户和主管部门赞誉，截至2018年荣获多项国家、行业及地方性奖项，其中：詹天佑奖10项、鲁班奖12项、国家优质工程奖18项、国家钢结构金奖14项、国家市政金杯示范工程3项，以及建筑绿色施工示范工程、优秀焊接工程、LEED、BIM等全国及国际奖项38项，省部级及各地方奖项399项。

公司2014年荣获国家住建部授予的"全国工程质量管理优秀企业"称号，从2006年起连续荣获五届"全国先进工程监理企业"称号，2016年被国家工商总局公示为"全国守合同、重信用企业"，2017年公司被住建部选定为全过程工程咨询试点企业。2018年公司合同额达到5.1亿元，产值4.6亿元，为上海和全国重大工程建设作出了突出贡献。

上海环球金融中心

天津高银Metropolitan 117大厦　深圳平安国际金融中心

上海北外滩白玉兰广场

合肥恒大

南宁龙光世纪广场

武汉绿地中心

深圳机场T3航站楼

苏州中南中心

阿坝州松潘县：川黄公路雪山梁隧道工程监理 JL1 标段

成都市：四川大学华西第二医院锦江院区一期工程建设项目

成都市：凤凰山公园改造一期工程

成都市金牛区：西部地理信息科技产业园

湖州市：新建太湖水厂工程

西藏：西藏德琴桑珠孜区 30 兆瓦并网光伏发电项目

绵阳北川县：北川地震纪念馆区、任家坪集镇建设及地址遗址保护工程项目获"国家优质工程奖"

内江市：内江高铁站前广场综合体项目工程

宜宾燕君综合市场（东方时代广场）工程"获四川天府杯"

漳州市：厦漳同城大道第三标段（西溪主桥为 88+220 米扭背索斜独塔斜拉桥，为全国最宽钢混结合梁桥）

中国华西工程设计建设有限公司

　　中国华西工程设计建设有限公司，其前身为中国华西工程设计建设总公司（集团），由四川、重庆等 22 家中央、省、市属设计院联合组成，是 1987 年经国家计委批准成立的勘察设计行业体制改革试点单位。

　　公司经历了励精图治的艰苦创业过程，坚持在改革中创建，在创建中探索，在探索中发展。2004 年实现了由初建的管理型向技术经营生产实体的转化，建成了以资本为纽带、技术作支撑的混合型所有制勘察设计咨询企业，为实现混合型经济所有制企业深化改革进行了有益的尝试。

　　中国华西工程设计建设有限公司树立"扎根天府，立足西部，面向全国，走向世界"的经营目标，不断发展壮大，已形成一定经营规模和生产能力。公司先后获"中国建设监理创新发展 20 年工程监理先进企业""全国建设监理行业抗震救灾先进企业""2006 年度四川省工程监理单位十强""成都市先进监理单位""成都市畅通工程先进监理单位""四川省工程勘察设计和工程监理信誉信得过单位""四川省和成都市勘察设计先进单位""全国守合同重信用企业"等殊荣，以及部省级优秀成果奖 100 余项。公司经济实力、信誉和社会影响不断提升，基本形成了工程勘察、工程监理及市政、建筑、公路、铁路设计方面的独特优势和中国华西设计监理品牌。中国华西工程设计建设有限公司在新的时代，与时俱进，勇闯市场，抓住机遇，迎接挑战，树立"环保、健康、节能"理念，坚持"质量第一、诚实守信、用户至上、优质服务"的经营方针，为中国基础设施及生态文明建设再作新贡献。

2008 年荣获"中国建设监理协会创新发展 20 周年先进企业"

2014—2015 年获"国家优质机构"

"2011—2012 年度中国监理协会先进企业"

"2013—2014 年度中国建设监理行业先进监理企业"

地　址：四川省成都市金牛区沙湾东二路 1 号世纪加州 1 幢
　　　　1 单元 4-6 楼
邮　编：610031
电　话：028-87664010
网　址：www.chinahxdesign.com

福建省工程监理与项目管理协会
Fujian Association of Engineering Consultants.

福建省工程监理与项目管理协会获中国社会组织评估"4A"等级

第六届福建省工程监理与项目管理协会会长 林俊敏

福建省工程监理行业创新发展座谈会

福建省工程监理与项目管理协会（Fujian Association of Engineering Consultants. 缩写 FJAEC），原名为福建省建设监理协会，是由全省从事建设工程监理与项目管理服务、行业研究与管理的单位和个人自愿组成的行业非营利社会组织，于 1996 年 10 月 23 日正式成立，是中国建设监理协会的团体会员单位。福建省工程监理与项目管理协会受福建省住房和城乡建设厅的业务指导和福建省民政厅民间组织管理局的监督管理，驻地设在福州。

2019 年 11 月，协会完成换届选举，产生了第六届理事会和监事会成员，福建海川工程监理有限公司董事长林俊敏当选为协会第六届会长。截至目前，协会单位会员数量 500 家，遍布福建省 9 个地市级，占全省建设工程监理企业 90% 以上。协会主要组织研究建设工程监理的理论、方针、政策；协助政府主管部门组织编制建设工程监理有关工作标准、规范和规程；组织交流学习、推广建设监理的先进经验，举办有关的技术培训和加强国内外同行业间的业务合作和技术交流等，以行业发展为战略指导，致力为福建省监理和项目管理行业服务。2015 年 7 月，协会获得了中国社会组织评估 4A 等级。

协会始终坚持"服务、进取、自律、和谐"的方针，遵循"一切为了会员，为了会员一切，为了一切会员"的服务宗旨，努力发挥政府与单位会员之间的桥梁和纽带作用，做好单位会员服务工作，推动单位会员转型升级，引导会员遵循"公平、独立、诚信、科学"的职业准则，维护行业利益和会员的合法权益，促进行业公平竞争，把协会建设成推动单位会员团结合作、反映诉求、维护权益、融资运作、健康发展的重要平台，打造成单位会员和谐之家和品牌协会。团结、教育、引导单位会员自觉践行社会主义核心价值观，做合格的中国特色社会主义事业建设者，发展和繁荣福建省建设监理事业，提高福建省的建设监理服务质量，推动福建省建设监理和项目管理服务事业的持续健康发展。

协会开展咨询信息服务，有会刊《福建建设监理与咨询》、福建建设监理网、福建监协微信公众号。协会设有秘书处、自律委员会、咨询委员会、通讯委员会。

福建省工程监理与项目管理协会第六届第一次会员大会（理事会）

"羽"重情深 福长运久 羽毛球邀请赛

地　址：福州市鼓楼区北大路 113 号菁华北大 2-612 室
邮　编：350003
电　话：0591-87569904
传　真：0591-87817622
邮　箱：fjjsjl@126.com
网　址：http://www.fjjsjl.org.cn
福建监理微信公众号：fjjlxh

公司董事长、总经理洪源

国家陆地搜寻与救护平顶山基地

 ## 河南兴平工程管理有限公司

河南兴平工程管理有限公司成立于 1995 年，是中国平煤神马集团控股子公司。公司注册资金 1000 万元，具备矿山工程甲级、房屋建筑工程甲级、市政公用工程甲级、化工石油工程甲级、电力工程甲级、冶炼工程甲级，工程招标代理乙级、工程造价咨询乙级及人防工程监理丙级等多项资质；通过 GB/T 19001-2016/ISO 9001：2015 质量管理体系、GB/T 24001-2016/ISO 14001：2015 环境管理体系和 GB/T 28001-2011/OHSAS 18001：2007 职业健康安全管理体系的认证。

公司现有工程管理及技术人员 400 多人。其中教高级职称 1 人，高级职称 32 人，中级职称 186 人；各类级注册工程师 87 人次，中国煤炭建设监理工程师 115 人。专业技术人员齐全，并且拥有一支专业广泛、梯队完善的专家团队，具备对各类工程建设全过程管理的能力。

公司构建了"产权清晰、权责明确、管理科学"的现代企业制度，建立了党委会，股东会、董事会、监事会、经理层"四会一层"的法人治理结构，实行全员持股，员工持股达到 40%。公司设置有办公室、企管部、安质部、财务部、人力资源部、政工部、技术中心、市场开发部、招标代理部、造价咨询部、电工设备供应处、后勤部、10 个工程部及 7 个分公司。

公司业务范围涉及新疆、内蒙古、青海、贵州、四川、湖北、山西、陕西、安徽、宁夏、云南等 10 多个省市自治区，管理效率和核心竞争力持续提升。承接完成和在建的项目工程近 700 项，其中国家、省部级重点工程近百项；完成监理工程投资额达 600 亿元，所监理项目工程的合同履约率达 100%。多项工程分别荣获"中国建设工程鲁班奖""煤炭行业工程质量'太阳杯'奖""河南省建设工程'中州杯'奖"等奖项。

公司秉承"工程质量至上，业主满意第一"的核心理念，把工程质量、维护业主合法利益放在首位。公司多年来获得"河南省先进监理企业""河南省建设监理行业诚信建设先进企业""河南省工程监理企业二十强""全国化工行业示范优秀企业""煤炭行业十佳监理部"等荣誉，被中国煤炭工业协会评为"企业信用评价 AAA 级信用企业"，被河南省工商行政管理局颁发的"守合同、重信用企业"；2017 年入列"2017—2020 年度河南省重点培育工程企业"名单。公司注重科技与管理创新，申报的 50 余项成果分别荣获：中国煤炭工业协会"煤炭企业管理现代化创新成果"二等奖和三等奖，"河南省科学技术进步奖"三等奖，"河南省工业和信息化科技成果"二等奖，"平顶山市科学技术进步奖"一等奖和二等奖等奖项。

公司坚持不断完善内部组织架构、制度等管控体系，不断提升适应市场竞争的能力；坚持始终遵循"严格监理、优质服务、公正科学、廉洁自律"的职业准则和"诚信科学、严格监理、顾客满意、持续改进"的行为准则，持续提升安全优质服务的能力；坚持创新可持续发展，努力将公司打造成"管理一流、业务多元、行业领先"的工程监理企业。

河南中国平煤神马集团尼龙化工己二酸工程

河南中国平煤神马集团安泰小区

河南平顶山中平煤电储装运系统

河南平顶山大型捣固京宝焦化焦炉

河南平顶山市光伏电站

河南平顶山平煤医疗救护中心

河南开封东大化工

河南中国平煤神马集团首山一矿

地　　址：河南省平顶山市卫东区建设路东段南 4 号院
邮　　编：467000
电　　话：0375-2797957
传　　真：0375-2797966
E-mail：hnxpglgs@163.com
网　　址：http://www.hnxp666.com

浙江江南工程管理股份有限公司
ZHEJIANG JIANGNAN PROJECT MANAGEMENT CO.,LTD.

以高品质服务成就客户 以引领行业发展成就企业

企业综合实力位居行业第二位
全国首批全过程工程咨询试点企业
工程咨询领域系统服务供应商

浙江江南工程管理股份有限公司是一家集团化、综合性的大型工程咨询企业，成立于1985年，原为国家电子工业部直属骨干企业，专门为国家重点工程建设项目提供全过程、专业化总承包服务，被建设部授予"八五"期间全国工程建设管理先进单位。

集团现有员工3100余人，其中各类国家级注册人员1000多人，拥有注册人员数量位居行业第一位。公司下设造价咨询公司、建筑设计院等子公司，目前拥有工程监理、工程咨询、造价咨询、人防监理、水利工程监理、设备监理、工程设计等覆盖工程建设管理全价值链最高等级资质，能够为房建、市政、水利、交通、能源、铁路等各个领域业主提供项目前期咨询、设计管理、造价咨询、招标采购、工程监理、工程项目管理及代建、全过程工程咨询等分阶段、菜单式、全过程的专业咨询服务。

集团业务范围覆盖20多个省，200多地市级以上城市及12个外海国家，共设立37家分公司，年完成工程投资额1500多亿元。30多年来，累计获得60多项中国建设工程鲁班奖、100多项詹天佑奖、国家优质工程奖、中国钢结构金奖、国家市政金杯奖、水利工程大禹奖等国家级奖项，被住建部授予"全国工程质量安全管理优秀企业"，先后被浙江、山西等省级人民政府授予重点工程建设先进单位。凭借良好的企业信誉，公司被国家工商行政管理总局列为"全国守合同重信用单位"，连续十多年是国家优秀监理企业，连续多年企业综合实力位居行业第二位。

为加强人才培养与技术研发，集团2005年设立江南管理学院，开创同行业自主创办大学的先河，为企业快速发展输出了大批优秀人才，同时设立十大技术研究中心和八大研究室，组织开展各类型研发工作，结合BIM、云计算等新技术，从工程建设各个层次与维度开展大数据处理，探索工程建设实施及管理规律，为客户提供系统性、前瞻性及良好参与体验的工程管理服务，实现多方共赢，成果丰硕，2016年公司被列为国家高新技术企业。

展望未来，江南管理有信心汇聚全体工程专业人才的智慧与创造力，创新服务模式，加快企业转型升级，为客户提供系统完善、可持续发展的工程建设实施方案，以实际行动为中国工程咨询行业未来发展树立标杆，成为项目综合性开发领域的管理先行企业，倾力打造"诚信江南、品质江南、百年江南"。

地　址：杭州市求是路8号公元大厦北楼11层
邮　编：310013
电　话：0571-87636300
传　真：0571-85023362
网　址：www.jnpm.cn

2018—2019年度鲁班奖工程

蚌埠市体育中心—体育场

杭政储出（2004）2号地块（钱江新城A-11、12地块）

河北奥林匹克体育中心工程—体育馆综合体

青海师范大学新校区教学服务用房建设项目（图书馆信息中心）

沈阳药科大学新校区四标段

苏州工业园区体育中心（体育场、体育馆、游泳馆、中央车库）

全过程工程咨询典型项目

中山大学深圳建设工程

深圳鹏城实验室石壁龙园区一期建设工程

深圳市公明水库——清林径水库连通工程　中马钦州产业园友谊大道及锦绣大道工程

衢州中心医院工程

荷一路过江通道工程

集团公司职工代表合影

特变电工股份有限公司总部商务基地科技研发中心－鲁班奖

地窝堡国际机场 T3 航站楼

乌鲁木齐奥林匹克体育中心建设项目

乌鲁木齐市文化中心项目

果子沟大桥建设项目

新疆大剧院

新疆国际会展中心

新疆人民会堂

中石油生产指挥中心－鲁班奖

背景图：果子沟大桥建设项目

新疆昆仑工程监理有限责任公司

新疆昆仑工程咨询管理集团有限公司（以下简称"昆仑工程咨询管理集团"）是一家全资国有企业，隶属于新疆生产建设兵团第十一师、新疆建咨集团有限公司。昆仑工程咨询管理集团成立于 1988 年，两次荣登监理企业百强排行榜，是新疆工程监理行业资质范围齐全，资质等级最高的企业。昆仑工程咨询管理集团融合了工程监理、工程设计、工程造价、工程招标代理四大板块。

昆仑工程咨询管理集团现拥有住房与城乡建设部颁发的工程监理行业最高资质——监理综合资质；监理板块拥有 3 项甲级资质、3 项乙级资质、1 项专项资质；设计板块拥有 3 项甲级资质、4 项乙级资质、2 项丙级资质、1 项三星级资质；造价板块 1 项甲级资质等。除此之外，昆仑工程咨询管理集团拥有水利部 AAA 级信用等级证书、造价企业 AAA 级信用等级证书等。

昆仑工程咨询管理集团经营范围包括：工程总承包；工程咨询；建筑工程设计；市政工程设计；水利水电工程设计；岩土工程勘察；城市规划编制；开发建设项目水土保持方案编制；风景园林工程设计；公路设计；旅游规划设计；工程造价咨询；工程招标代理；政府采购代理；安全技术评估；建设工程项目的监理及咨询等。

昆仑工程咨询管理集团现拥有职工 1330 人，其中大专以上学历占 90%，高、中级职称占 62%，各类国家注册工程师 350 人 475 人次。专业领域涉及工民建、市政、冶炼、电力、水利、环保、水土保持、路桥、信息系统、造价、安全、电气、暖通、机械等 30 余项，形成了一支专业配备齐全、年龄结构科学合理的高智能、高素质的工程技术人才队伍。

昆仑工程咨询管理集团技术力量雄厚，并以严格管理、热情服务赢得了顾客的认可和尊重，在业内拥有极佳的口碑。公司监理的项目中，7 项工程荣获中国建筑行业工程质量最高荣誉——鲁班奖；3 项中国钢结构金奖；90 余项工程荣获省级优质工程——天山奖、昆仑杯、市政优质工程奖；7 次荣获"全国先进建设监理单位"称号、"全国招标代理机构诚信先进单位"，荣获"共创鲁班奖先进监理企业""中国建筑业工程监理综合实力领军品牌 100 强""全国文明单位""全国安康杯竞赛优胜企业""自治区优秀工程勘察设计奖""造价咨询企业先进单位""乌鲁木齐市优秀住宅工程设计奖""勘察设计先进单位""造价行业自律诚信建设先进会员单位""自治区建设工程招标代理行业优秀企业""新疆维吾尔自治区勘察设计行业 20 强单位""兵团屯垦戍边劳动奖"等多项荣誉称号。

地　址：新疆乌鲁木齐市水磨沟区五星北路 259 号
电　话：0991-4637995　　4635147
传　真：0991-4642465
网　址：www.xjkljl.com

浙江求是工程咨询监理有限公司

浙江求是工程咨询监理有限公司坐落于美丽的西子湖畔，是一家专业从事建筑服务的企业，致力于为社会提供全过程工程咨询、工程项目管理、工程监理、工程招标代理、工程造价咨询、工程咨询、政府采购等大型综合性建筑服务。

公司始终坚守"让业主满意、给行业添彩、为中国工程管理多作贡献"的价值追求，坚持"以品质赢市场、以创新促发展、以管理树品牌"的理念，深耕市场开拓，加强质量管控，健全管理制度和标准体系，强化人才支撑。公司综合实力逐年增强，业务快速发展，范围覆盖全国，获得众多工程奖项及荣誉，行业美誉和影响力不断提升。自2013年以来连续名列全国百强监理企业。

公司具有工程监理综合资质、工程招标代理甲级资质、工程造价咨询甲级资质、工程咨询单位甲级资质、人防工程监理甲级资质。系全过程工程咨询试点企业，具备开展全过程工程咨询的能力。

公司目前拥有各类专业技术人员1200余人，其中中高级职称900余人，国家注册监理工程师180余人，省注册监理工程师280余人，注册人防监理工程师50余人，注册造价师20余人，注册咨询师10余人，注册安全工程师10余人，一级建造师40余人；还有注册设备监理工程师、一级结构师、注册招标师、信息系统监理工程师等30余人。全部人员经培训上岗，具有坚实的专业理论和丰富工程实践经验，以及专业配套齐全的工程建设监理队伍，积累了丰富的工程监理经验。

公司为中国建设监理协会理事单位、中国工程咨询协会理事单位、浙江省信用协会副会长单位、浙江省全过程工程咨询与监理管理协会副会长单位、浙江省人防监理专业委员会常务副主任单位、浙江省工程咨询行业协会常务理事单位、浙江省招标投标协会副会长单位、浙江省风景园林学会常务理事单位、浙江省建设工程造价协会理事单位、浙江省绿色建筑与建筑节能行业协会理事单位、杭州市全过程工程咨询与监理管理协会副会长单位、杭州市龙游商会执行会长单位、衢州市招投标协会副会长单位。荣获全国先进监理企业、国家高新技术企业、全国守合同重信用单位、全国浙商诚信示范单位，并连续13年荣获浙江省优秀监理企业、连续9年荣获浙江省招投标领域信用等级AAA、连续13年荣获浙江省AAA级守合同重信用企业、连续17年荣获银行资信AAA级企业；拥有浙江省知名商号、浙江省著名商标、浙江省工商信用管理示范单位、浙江省企业档案工作合格单位、杭州市建筑监理行业优秀监理企业、杭州市工程质量管理先进监理企业、杭州市级文明单位、杭州市建设监理企业信用等级优秀企业、西湖区建筑业质量安全文明先进企业、西湖区建筑业社会责任先进企业、西湖区建筑业成长型企业、西湖区重点骨干企业等荣誉。

近年来，浙江求是工程咨询监理有限公司已承接的监理项目达4200多项，建筑面积9000多万 m²，监理造价4300多亿元，广泛分布于浙江省各地及安徽、江苏、江西、贵州、四川、河南、天津、海南、福建、青海、广东等。近几年公司承接的监理业务450多项获国家、省、市（地）级优质工程奖，其中有17项国家级工程奖、111项省级优质工程奖、330项获得市级优质工程奖、124项获省文明标化工地称号、380项获市文明标化工地称号。一直以来得到了行业主管部门、各级质（安）监部门、业主及各参建方的广泛好评。

地　址：杭州市西湖区余杭塘路与花蒋路交叉口东南西溪世纪中心
　　　　3号楼12A层
邮　编：310012
电　话：0571—81110603（综合办、人力资源部）
　　　　0571—81110602（市场部）
电　话：0571—89731194
网　址：http://www.zjqiushi.cn
邮　箱：qsjl8899@163.com

常山县同弓乡全域土地综合整治项目全　杭州新世界望江新城项目监理服务
过程工程咨询服务

龙游健康产业中心项目（EPC项目）

龙游县礼贤小区项目全过程工程咨询服务　用里街延伸段贯通完善工程（一标、二标）
全过程工程咨询服务

衢江区新田园康养综合体（一期）农田垦　衢时代未来大厦项目全过程工程咨询
造全过程工程咨询服务项目　服务项目

衢州九华大道隧道（二期）全过程工程咨询　衢州市纪检监察保障中心项目全过
服务项目　程工程咨询服务

亚运会棒（垒）球体育文化中心项　杭州至海宁城际铁路工程机电设备安装及装
目全过程工程咨询　修工程施工监理

背景图：余杭污水处理厂四期项目

山西太旧高速荣获 1997 年度鲁班奖

鲁班奖工程——山西大运高速公路赵康枢纽

鲁班奖工程——山西大运高速公路小店高架桥

秦岭终南山公路隧道（长度世界第二亚洲第一）洞口

山西太古高速西山特长隧道（当时在建全国第二、世界第四的特长公路隧道）

奥运工程北京白马路被评为中国市政金杯示范工程

建设中的太原东二环高速公路涧河特大桥

建设中的山西静兴高速公路汾河特大桥

山西忻保高速云中河二号桥

青海大循高速公路

山西交通建设监理咨询集团有限公司
TCPSC
Shanxi Transportation Construction Projects Supervision & Consulting Group Co.,Ltd.

　　山西交通建设监理咨询集团有限公司（以下简称"集团公司"），为山西交通控股集团全资子公司。前身是山西省省交通建设工程监理总公司，成立于 1993 年 5 月 5 日，是全国交通行业知名品牌监理企业，2016 年完成公司制改制，2019 年进行专业化重组，整合 5 个监理咨询企业成立了监理集团。目前旗下有 6 个子公司：5 个监理子公司，1 个项目管理公司。

　　集团公司注册资本 4 亿元，资产总额 7.4 亿元，通过了 ISO9001 标准质量体系、ISO14001 环境管理体系和 GB/T28001 职业健康安全管理体系认证，拥有交通运输部公路工程监理甲级、特殊独立隧道、特殊独立大桥、公路机电工程监理专项资质；住房和城乡建设部工程监理甲级、市政公用工程监理甲级、房屋建筑工程监理乙级资质、人民防空工程建设监理丙级资质；国家发展和改革委员会工程咨询乙级资质；两个试验检测中心均具有交通运输部公路工程综合乙级、住房和城乡建设部公路（市政）类一级试验检测资质，配有种类齐全、覆盖面广的各类试验检测设备及检测人员。集团公司现有各类专业技术人员 1000 余人，其中，享受国务院政府特殊津贴专家 1 人，山西省"三晋英才"支持计划拔尖骨干人才 2 人，正高级职称 16 人，高级、中级职称人员约占专业技术人员总数的 80%；各类注册职业资格人员 500 余人项。

　　所承担的项目有 7 项获中国建筑工程质量最高奖"鲁班奖"，3 项获中国土木工程"詹天佑奖"，2 项获全国市政工程质量最高奖"全国市政金杯示范工程奖"，3 项获国家优质工程奖，1 项获交通运输部公路交通优质工程奖"李春奖"，有 18 项获北京市"长城杯"奖、山西省"汾水杯奖"、"太行杯"、甘肃省"飞天奖"、河南省市政工程"金杯奖"及重庆巴渝杯优质工程等奖项。

　　此外，主持编制了山西省公路工程监理行业的首个地方标准《山西省公路工程施工监理指南》，为山西省公路工程监理工作提供了根本遵循。承担的科研项目中，4 项获山西省科技进步奖、5 项鉴定为国际先进水平，8 项鉴定为国内领先水平，1 项获国家知识产权局"发明专利"、34 项获"实用新型专利"，2 项获"外观设计专利"，37 项获国家版权局"软件著作权"。

　　集团及所属公司先后荣获交通运输部"全国交通系统先进监理单位"、住建部"全国工程监理先进单位"、中国质量协会"全国用户满意鼎"等荣誉称号，被山西省政府命名为"山西省高速公路建设模范单位"，连续多年被山西省省直文明委命名为"文明单位标兵"，2011 年、2015 年、2019 年连续三届被评为"中国交通建设优秀品牌监理企业"，累计共获表彰奖励 1100 余项（其中省级以上 250 余项），为交通监理事业的发展作出了一定的贡献，进一步扩大和增强了山西交通监理在国内监理行业的影响力。

地　址：山西省太原市平阳路 44 号
邮　编：030012
电　话：0351-7237230 7237744
邮　箱：sxjtjl_ty@163.com

投资建设的 BOT 项目太佳高速公路临县黄河大桥

业达建设管理有限公司

业达建设管理有限公司创建于 2012 年 2 月 13 日，公司注册资本人民币 5001 万元，是一家经各行业国家行政主管部门批准认定的，工程全过程全方位技术管理的服务企业。公司总部位于泉州市南安，在泉州、厦门、漳州、大田、三明、漳浦等福建全省各地市设有分支机构。历经 8 年的创业成长与稳步扩张，业达建设已跻身于行业前列，发展成为以工程监理、工程造价咨询、招标代理、政府采购、PPP 项目咨询、项目管理、工程咨询等为主业的大型综合性项目管理与咨询企业。

自公司成立以来，在房建施工建设、市政公用工程施工、政府采购、人防工程监理、工程造价咨询、工程招标代理、项目代建等多种工程类别，积累了丰富的技术和管理经验，成立至今所监理工程全部合格，多项优良，获各方好评。

公司的诚信经营和规范管理赢得了业主和同行的一致赞誉，经营规模、市场份额和整体实力在全省同行业中名列前茅，形成了"业达建设"特有的品牌。

公司技术力量雄厚，拥有土建、安装、招标、造价、工程监理、项目管理、施工管理、设备采购等专业技术人员，其中工程师 40 余人，各类注册工程师 20 多人。同时拥有多位具有丰富管理经验的各类注册执业资格专业技术人员，在职员工大多具有 10 年以上专业经历，积累了较为丰富的实践经验，突出表现为：专业技术精、法制观念强、敬业精神好。公司自主经营程度高，能适应市场发展变化而灵活经营。

发展是企业的核心和精髓，企业的各项工作都要把科学发展观贯穿于各项工作的始终，认真贯彻 GB/T 19001-2008 质量管理体系、GB/T 24001-2004 环境管理体系和 GB/T 28001-2011 职业健康安全管理体系认证，并依照以上管理体系严格运行，促进企业健康和谐可持续发展，从而保证企业目标的实现。以质量为生命、以市场为导向、以发展为目标，敬业守信、追求卓越、创造品牌价值、协作共赢。

业达建设管理有限公司秉承"科学、规范、缜密、诚信"的宗旨，始终坚持"独立、客观、公正、廉洁"的职业准则，遵守国家有关执业管理法律规定，遵从工程管理咨询的国际惯例，借鉴国内外先进做法，把工程项目惯例和咨询服务的理论、方法、执行规程有机整合，提升工程管理服务功能，竭诚为客户提供优质高效的专业服务。我们将继续以良好的职业道德、一流的质量、优质的服务、扎实的专业技能和强烈的事业心，赢得更多的客户的信任，我们自信，将以"诚信与实力"全力打造业达品牌，用我们的智慧和热情，真诚回报社会。

在过去的岁月里，通过我们坚持不懈的努力和奋斗，开拓了市场，赢得了信誉，积累了经验，取得了一定的成绩。我们决心将在过去取得成绩的基础上，立足本省，开拓国内，面向世界，用我们辛勤的汗水去开创更加美好的未来。

联系人：林永萍
电话：18950157846
QQ：120333482